Elmar Goldstein · Horst Lienig · Timo Lienig

Praktische Buchführung für Vereine

10. Auflage

Haufe Group
Freiburg · München · Stuttgart

Bibliografische Information der Deutschen Nationalbibliothek
Die Deutsche Nationalbibliothek verzeichnet diese Publikation in der Deutschen Nationalbibliografie; detaillierte bibliografische Daten sind im Internet über http://dnb.dnb.de abrufbar.

ISBN 978-3-648-13257-9 Bestell-Nr.: 07019-0010

Elmar Goldstein, Horst Lienig und Timo Lienig
Praktische Buchführung für Vereine
10. Auflage 2019

www.haufe.de
info@haufe.de
Redaktion: Annette Ziegler (verantwortlich), Brigitte Kreß

Satz: Agentur: Satz & Zeichen, Karin Lochmann, Buckenhof
Umschlag: RED GmbH, Krailling

Inhaltsverzeichnis

Die Autoren

Dipl.-Kfm. Elmar Goldstein arbeitet als selbstständiger Buchhalter und Unternehmensberater für Existenzgründung. Er hat langjährige Erfahrung beim Erstellen von Jahresabschlüssen.

Horst Lienig ist Steuerberater und Dozent an der Führungsakademie des Deutschen Sportbundes. Im Rahmen der Vereinsmanagerausbildung, u. a. für den Württembergischen Landessportbund, ist er als Referent für Vereinsbesteuerung tätig.

Timo Lienig ist Rechtsanwalt und Fachanwalt für Steuerrecht und vertritt Vereine, Verbände und Sportler außergerichtlich und gerichtlich. Ferner ist er als Referent und Dozent für Verbände und Organisationen im Vereinsrecht und im Vereinssteuerrecht tätig.

Vorwort

Häufig handelt es sich bei der Buchführung um das »Stiefkind« des Vereins – niemand möchte sich wirklich gern damit beschäftigen! Doch Buchführung muss sein. Selbst wenn das Finanzamt Ihren Verein nicht ausdrücklich dazu auffordert: Sie müssen nachweisen, dass Ihre Geschäftsführung auf die Erfüllung der steuerbegünstigten Zwecke ausgerichtet ist.

Aber keine Sorge – Buchführung für Vereine ist kein Buch mit sieben Siegeln. Mit dem vorliegenden Ratgeber wird das Buchen und Kontieren Ihrer Einnahmen und Ausgaben zum Kinderspiel. Neben einer Einführung zum Vereinssteuerrecht und Rechnungswesen finden Sie viele Tipps zu Spezialfällen wie der steuerlichen Behandlung von Spenden oder Sponsoring- und Werbeeinnahmen.

Am Beispiel eines Mustervereins werden Sie mit den üblichen Buchungsvorgängen vertraut gemacht: Die Fallbeispiele sind alphabetisch geordnet und können daher auch als Nachschlagewerk genutzt werden. Alle gebuchten Einnahmen und Ausgaben der Beispielvorgänge werden abschließend in einen ordnungsgemäßen Jahresabschluss überführt.

Viel Erfolg bei Ihrer Vereinsbuchführung wünschen

im März 2019 *Elmar Goldstein und Horst Lienig*

Vereinssteuerrecht: Was Sie zum Thema wissen sollten

Einführung

Ohne Kenntnis der vereinssteuerrechtlichen Grundlagen ist eine ordnungsmäßige Buchführung im Verein nicht möglich. Aus diesem Grund wird im Folgenden ein Überblick über das Gemeinnützigkeitsrecht sowie die verschiedenen Tätigkeitsbereiche gegeben, die bei einer korrekten Verbuchung der einzelnen Geschäftsvorfälle des Vereins zu berücksichtigen sind.

Tax-Compliance — auch ein Thema für Vereine

Neben der Digitalisierung ist der Begriff »Compliance« sicherlich einer der am häufigsten und für viele verschiedene Bereiche des unternehmerischen Handelns benutzten Begriffe der letzten Jahre. Spätestens seit Veröffentlichung des geänderten Anwendungserlasses zu § 153 AO ist das Thema auch im Bereich Steuern — insbesondere auch in der Lohnsteuer — angekommen.

Allgemeines

Die Anzeige- und Berichtigungspflicht nach § 153 Abs. 1 Satz 1 AO besteht, wenn ein Steuerpflichtiger bzw. sein gesetzlicher Vertreter, sein Gesamtrechtsnachfolger oder eine andere in § 153 Abs. 1 Satz 2 AO genannte Person (vgl. AEAO zu § 153, Nr. 4) nachträglich erkennt, dass eine von ihm oder für ihn abgegebene Erklärung (vgl. AEAO zu § 153, Nr. 3) objektiv unrichtig oder unvollständig ist und dass es dadurch zu einer Steuerverkürzung gekommen ist oder kommen kann. Bei dieser Pflicht handelt es sich um eine steuerrechtliche Pflicht.

Tax Compliance Management System

Berichtigung von Erklärungen .... § 153 AO

- Erkennt ein Steuerpflichtiger nachträglich vor Ablauf der Festsetzungsfrist, dass eine von ihm oder für ihn abgegebene Erklärung unrichtig oder unvollständig ist und dass es dadurch zu einer Verkürzung von Steuern kommen kann oder bereits gekommen ist,
- so ist er verpflichtet, dies unverzüglich anzuzeigen und die erforderliche Richtigstellung vorzunehmen.

Selbstanzeige bei Steuerhinterziehung ...... § 371 AO

- Wer gegenüber der Finanzbehörde zu allen Steuerstraftaten einer Steuerart in vollem Umfang die unrichtigen Angaben berichtigt, die unvollständigen Angaben ergänzt oder die unterlassenen Angaben nachholt, wird wegen dieser Straftaten nicht nach § 370 AO bestraft.
- Die wichtigsten Änderungen seit 1.1.2015
  - Mindestberichtigungszeitraum (10 Jahre)
  - Erweiterung der Ausschlussgründe (Bekanntgabe einer Prüfungsanordnung)
  - Sonderregelungen für Anmeldesteuern (Umsatzsteuer/Lohnsteuer)
  - Staffelung und Erhöhung der Strafzuschläge (10 % bei Hinterziehung ab 25.000 €)

Zeitpunkt der Anzeige und Berichtigung

Die Anzeige nach § 153 Abs. 1 Satz 1 und Abs. 2 AO sowie die Berichtigung nach § 153 Abs. 1 Satz 1 AO müssen unverzüglich, d. h. ohne schuldhaftes Zögern, gegenüber der sachlich und örtlich zuständigen Finanzbehörde erstattet werden. Die Berichtigung nach § 153 Abs. 1 Satz 1 AO kann ggf. später nachfolgen, wenn hierfür eine gewisse Zeit zur Aufbereitung der Unterlagen erforderlich ist. In einem solchen Fall sollte ggf. die erforderliche Zeitdauer gegenüber der Finanzbehörde begründet werden, z. B. durch einen Hinweis auf die notwendige Aufklärung von unternehmensinternen Prozessen, wenn es sich um länger zurückliegende Sachverhalte handelt. Zu diesem Zweck ist dem Berichtigungspflichtigen von der Finanzbehörde eine angemessene Frist zu gewähren. Entsprechend kann es sich verhalten, wenn der Steuerpflichtige vorläufige Angaben macht, weil der Sachverhalt nicht abschließend bekannt ist, er aber keine Fristen versäumen will.

Innerbetriebliches Kontrollsystem

Wichtig ist dabei die Aussage, dass ein wirksam installiertes innerbetriebliches Kontrollsystem im Bereich der Steuern (Tax Compliance) als ein Indiz gegen das

Vorliegen von Vorsatz oder Leichtfertigkeit gesehen wird und damit ein steuerstrafrechtliches Risiko vermieden werden kann. Damit hat das Thema Tax Compliance für Unternehmen deutlich an Bedeutung gewonnen. Allerdings denkt man dabei mehr an Ertragsteuern und Umsatzsteuer und weniger an die Lohnsteuer oder gar an die Sozialversicherung. Welche negativen Folgen das haben kann, zeigt sich dann bei den Lohnsteuerprüfungen.

Anwendungserlass zu § 153 AO

BMF äußert sich ....

- Hat der Steuerpflichtige ein **innerbetriebliches Kontrollsystem** eingerichtet, das der Erfüllung der steuerlichen Pflichten dient, kann dies ggf. ein Indiz darstellen, das gegen das Vorliegen eines Vorsatzes oder der Leichtfertigkeit sprechen kann, jedoch befreit dies nicht von einer Erfüllung des jeweiligen Einzelfalls.

Anwendungsfälle ....

- Insbesondere drei Anwendungsfälle eines Tax Compliance Management Systems spielen dabei eine bedeutende Rolle
  1. Korrektur der Steuererklärung
     Berichtigung oder Selbstanzeige
  2. Steuerliche Außenprüfung
     Prüfung ist ggf. abzubrechen
  3. Systematischer Fehler
     falsche Behandlung eines oft wiederkehrenden Sachverhalts

Der BGB-Vorstand ....

- und nicht nur das zuständige Vorstandsmitglied für „Finanzen und Steuern" im Verein haftet, insbesondere bei finanziellen Problemen.

Kernfragen

Setzt man sich mit dem Thema »Tax Compliance« auseinander, sind drei Kernfragen zu stellen:

1. Welche Risiken gibt es im Bereich der Steuern — und damit auch der Lohnsteuer?
2. Wie entstehen diese Risiken?
3. Wie können diese Risiken reduziert werden?

Letztendlich dient all das den Vereinen, die für sie so wichtige Gemeinnützigkeit zu erhalten oder behalten.

Welche Vorteile hat die Gemeinnützigkeit?

Die Bedeutung der Gemeinnützigkeit ist für Vereine nicht zu unterschätzen, denn die Steuergesetze enthalten maßgebliche Vergünstigungen für Vereine, die ausschließlich steuerbegünstigte Zwecke verwirklichen. Zum Beispiel

- sind der Zweckbetrieb und der ideelle Bereich eines Vereins nicht körperschaftsteuerpflichtig. Steuerpflichtig ist nur der wirtschaftliche Geschäftsbetrieb. Daher sind z. B. auch Spenden und Mitgliedsbeiträge sowie Zuschüsse nicht steuerpflichtig;
- sind Zuwendungen an steuerbegünstigte Körperschaften nicht erbschaftsteuer- bzw. schenkungsteuerpflichtig;
- unterliegt der Grundbesitz begünstigter Körperschaften, der unmittelbar den begünstigten Zwecken dient, nicht der Grundsteuer;
- ist eine Vielzahl von Umsätzen steuerfrei. Steuerpflichtige Umsätze unterliegen, soweit sie nicht dem wirtschaftlichen Geschäftsbetrieb zuzuordnen sind, dem ermäßigten Steuersatz;
- ist der sog. wirtschaftliche Geschäftsbetrieb nur dann körperschaft- und gewerbesteuerpflichtig, wenn die Bruttoumsätze (d. h. einschließlich USt) 35.000 Euro im Kalenderjahr übersteigen.

Bei einem Mehrspartenverein müssen neben dem Hauptverein auch alle Abteilungen ihre Einnahmen und Ausgaben in eine gemeinsame Gewinnermittlung und Steuererklärung einfließen lassen. Einzelne Abteilungen eines Vereines, die nach außen selbstständig auftreten; d. h. eigene Kassen und Bankkonten haben — im Innenverhältnis aber weiter dem Hauptverein untergeordnet sind — erhalten auch bei Vorliegen der Voraussetzungen für ein selbstständiges Steuersubjekt die Steuervergünstigungen nicht mehrfach.

Überblick über die Vereinsbesteuerung

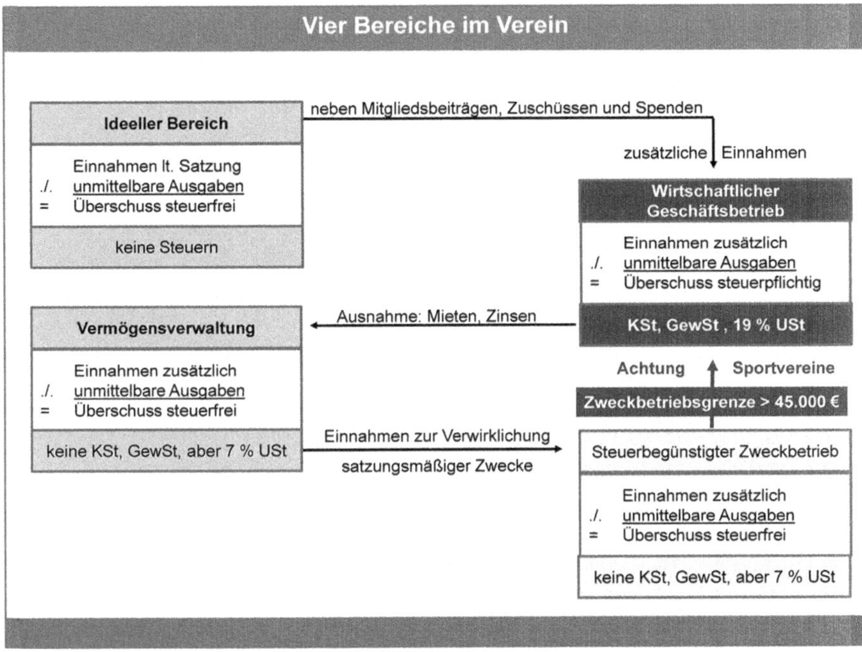

Beispiel: !

Der Fußballverein hat neben der Fußballabteilung eine Turn-, Tennis- und Koronarsportabteilung. Die Abteilungen sind rechtlich nicht selbstständig; d. h. keine eigenständigen Vereine. Jeder der Abteilungsschatzmeister führt ein eigenes Kassenbuch und ein eigenes Girokonto. Die Gewinnermittlung muss gemeinsam erfolgen. Besteuerungsgrenzen und Freibeträge stehen dem Fußballverein nur einmal zu.

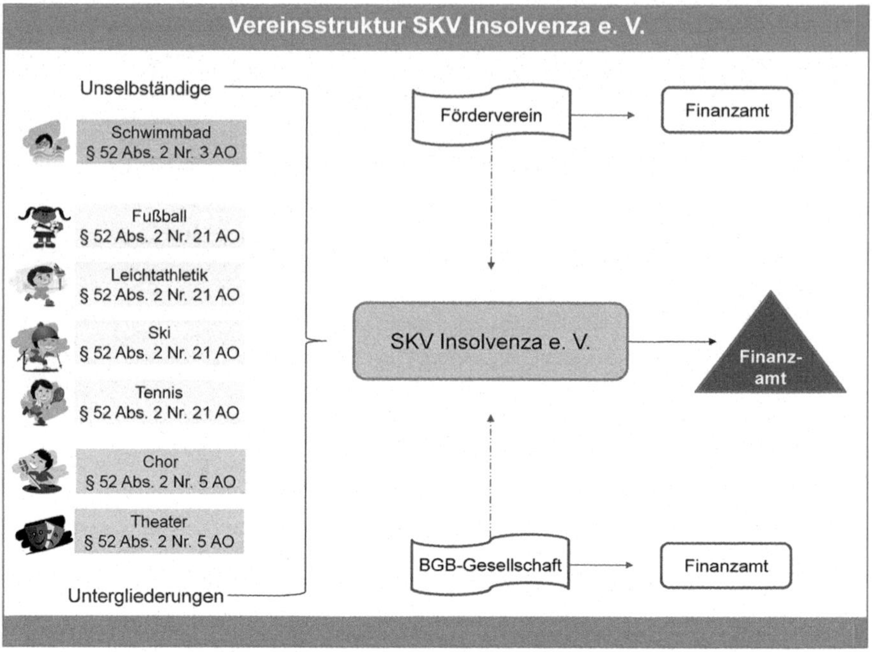

Voraussetzung für die Gemeinnützigkeit bei Vereinen ist, dass deren Tätigkeit sich an die Allgemeinheit richtet und nicht durch hohe Aufnahmegebühren oder Mitgliedsbeiträge der Zugang zum Verein praktisch verwehrt wird. Als Förderung der Allgemeinheit gilt, wenn:

1. Mitgliedsbeiträge und sonstige Mitgliederumlagen im Durchschnitt 1.023 Euro je Mitglied und Jahr und
2. die Aufnahmegebühren für die im Jahr aufgenommenen Mitglieder im Durchschnitt 1.534 Euro nicht übersteigen.

! **Wichtig**

In die Durchschnittsberechnung sind auch passive Mitglieder, Kinder, Jugendliche und Studenten mit einzubeziehen.

Die Gemeinnützigkeit ist einem Verein bei Überschreiten dieser Beträge zu entziehen.

Soweit ein Verein nur die satzungsmäßigen Aufgaben erfüllt, sind die Überschüsse aus dem ideellen Bereich nicht körperschaftsteuerpflichtig.

Der Gewinn wird durch Gegenüberstellung der Einnahmen und Ausgaben des ideellen Bereichs ermittelt.

Vier Bereiche im Verein

Ideeller Bereich Kontenklasse 2.... und 3....	
Einnahmen	**Ausgaben**
Mitgliedsbeiträge	Abschreibungen
Aufnahmebeiträge	Personalkosten
Arbeitsstunden	Raumkosten
Umlagen	Mitgliederverwaltung
Zuschüsse	Verbandabgaben
Spenden	Mitgliederpflege
Sonstige Einnahmen	Lehr- und Jugendarbeit
Schenkungen	Sonstige Ausgaben
Erbschaften	Nichtabziehbare Steuern
Überschuss steuerfrei Verlust gemeinnützigkeitsunschädlich	

Eine eventuelle wirtschaftliche Betätigung in der Form eines steuerpflichtigen wirtschaftlichen Geschäftsbetriebes darf nicht im Vordergrund des Wirkens des Vereins stehen.

Die Grenze zwischen zulässiger und unzulässiger Mittelverwendung ist oft nur schwer zu ziehen. Der steuerbegünstigte Verein hat seine Mittel nur für satzungsmäßige Zwecke und grundsätzlich zeitnah, d. h. im Laufe des folgenden Jahres zu verwenden. Bei Verstößen gegen diese zeitnahe Mittelverwendung und damit einer Zuführung zum Kapital des Vereines ist die Steuerbegünstigung abzuerkennen.

Zu den Mitteln eines Vereins zählen:

1. die Einnahmen aus dem ideellen Bereich, der Vermögensverwaltung und den Zweckbetrieben;
2. die von den steuerbegünstigten Vereinen erzielten Einkünfte (nach Abzug der darauf entfallenden Steuern), d. h. Überschüsse aus den wirtschaftlichen Geschäftsbetrieben.

! **Achtung**

Ausnahmen von dieser zeitnahen Mittelverwendung sind nur in wenigen bestimmten Fällen möglich.

Zu den Ausnahmen zählen Rücklagen im Sinne des § 62 AO sowie Wiederbeschaffungskosten für abnutzbare Wirtschaftsgüter der zulässigen Vermögensverwaltung. Aus Einnahmen der Vermögensverwaltung können Mittel zur Wiederbeschaffung bis zur Höhe der steuerlich berücksichtigungsfähigen AfA angesammelt werden.

Die Unterhaltung eines wirtschaftlichen Geschäftsbetriebes, der kein Zweckbetrieb ist, ist nur dann unschädlich für die Gemeinnützigkeit eines Vereins, wenn der wirtschaftliche Geschäftsbetrieb sich selbst trägt. Die Verwendung von Mitteln des Vereins zum Ausgleich von Verlusten aus einem Nicht-Zweckbetrieb ist nicht zulässig; geschieht dies jedoch nur gelegentlich und wird der Ausgleich von Verlusten auf anderem Wege ernsthaft versucht (z. B. durch Erhöhung der Entgelte für Leistungen des Nicht-Zweckbetriebs), so bleibt die Selbstlosigkeit unberührt. Ein Verlustausgleich zwischen einzelnen steuerpflichtigen wirtschaftlichen Geschäftsbetrieben ist zulässig. Ebenso möglich ist der Ausgleich von Verlusten eines steuerpflichtigen wirtschaftlichen Geschäftsbetriebs mit dafür vorgesehenen Umlagen oder Zuschüssen. Als steuerbegünstigte Spenden können aber die Aufwendungen nicht angesehen werden.

Das Verbot der Mittelverwendung zum Verlustausgleich aus dem ideellen Bereich gilt unabhängig davon, ob die Besteuerungsgrenze **in § 64 Abs. 3 AO überschritten** wird oder nicht. Ergibt sich aus den Aufzeichnungen allerdings, dass in den steuerpflichtigen wirtschaftlichen Geschäftsbetrieben keine Dauerverluste entstanden sind, kann nach Auffassung der Finanzverwaltung eine Prüfung der Mittelverwendung unterbleiben.

Die Regelung, Mittel für steuerbegünstigte Zwecke zu erwirtschaften, macht es möglich, dass Förder- und Spendensammelvereine als steuerbegünstigte Vereine anerkannt werden. Die Beschaffung von Mitteln muss als Satzungszweck festgelegt sein. Die Organisation, für die Mittel beschafft werden, muss ebenfalls steuerbegünstigt sein. Die Verwendung der Mittel für die steuerbegünstigten Zwecke muss jedoch ausreichend nachgewiesen werden. Die Zuwendungen erhaltenden Vereine sind namentlich zu nennen.

Achtung Teilweise Mittelweitergabe !

Überlässt ein im Übrigen selbst unmittelbar steuerbegünstigende Zwecke verfolgender Verein teilweise (nicht überwiegend) seine Mittel einem anderen gemeinnützigen Verein für dessen steuerbegünstigte Zwecke, so bleibt der Verein auch ohne Satzungserfordernis gemeinnützig.

Bei der Bildung der zweckgebundenen Rücklage kommt es nicht auf die Herkunft der Mittel an. Der Rücklage dürfen also auch Spendenmittel zugeführt werden. Für die unschädliche Bildung von Rücklagen aus Mitteln, die ganz oder teilweise zugeführt werden, ist Voraussetzung, dass sie für bestimmte satzungsmäßige Zwecke unter konkreten Zeitvorstellungen vorgesehen sind. Die Bildung einer zweckgebundenen Rücklage ist in der Steuererklärung auszuweisen.

Achtung !

Fällt der Grund für die Rücklagenbildung weg, sind die Beträge unverzüglich für satzungsmäßige Zwecke zu verwenden.

Für monatlich oder vierteljährlich wiederkehrende Ausgaben (z. B. Personalkosten, Mieten etc.) kann der Verein Rücklagen, d. h. Guthaben auf diversen Konten bilden, ohne dass die Gemeinnützigkeit in Gefahr gerät. Die Höhe der Rücklagen ist auf einen angemessenen Zeitraum zwischen drei und sechs (in Ausnahmefällen bis zu zwölf) Monaten begrenzt.

Ein Verein kann jährlich ein Drittel seines Überschusses aus der Vermögensverwaltung in eine freie Rücklage einstellen. Wird die Höchstgrenze in einem Jahr nicht voll ausgeschöpft, so ist eine rückwirkende Nachholung für die beiden zurückliegenden Jahre möglich. Eine Verwendung der Rücklagen im steuerschädlichen Bereich ist nicht möglich. Der Verein braucht die freie Rücklage während der Dauer seines Bestehens nicht aufzulösen.

Zusätzlich können noch bis zu 10 % der sonstigen zeitnah zu verwendenden Mittel aus den Einnahmen des ideellen Bereichs und der Überschüsse der Zweckbetriebe und wirtschaftlichen Geschäftsbetriebe in eine freie Rücklage nach § 62 Abs. 1 Nr. 3 AO eingestellt werden.

Angemessene Vergütungen für eine Tätigkeit sind keine Zahlungen, die auf der Eigenschaft als Mitglied beruhen. Als angemessen ist das anzusehen, was für eine vergleichbare Tätigkeit oder Leistung auch von nicht steuerbegünstigten Einrichtungen gezahlt wird. Bei der verbilligten Abgabe von Eintrittskarten an Mitglieder ist grundsätzlich eine Ermäßigung des Mitgliedsbeitrags anzunehmen. Solange aber der Ermäßigungsbetrag den Mitgliedsbeitrag nicht übersteigt, liegt kein Verstoß gegen die Selbstlosigkeit vor.

! **Achtung**

Mitglieder dürfen keine Zuwendungen aus Mitteln des Vereines erhalten.

Aufmerksamkeiten sind im Sinne von Abschn. 19.6 der Lohnsteuerrichtlinien keine Zuwendungen.

Gemeinnützigkeitsunschädlich sind deshalb

- Aufmerksamkeiten aus Anlass eines persönlichen Ereignisses (wie z. B. Geburtstag, Vereinsjubiläum etc.) bis zu einem Betrag von 40 Euro brutto je Ereignis. Für Kranz- und Grabgebinde gelten angemessene Kosten ohne Begrenzung.
- Aufmerksamkeiten aus dem Grund eines besonderen Vereinsanlasses (wie z. B. unentgeltliche oder verbilligte Bewirtung bei der Weihnachtsfeier, der Hauptversammlung oder dem Vereinsausflug). Die Obergrenze von ebenfalls 40 Euro gilt hier für alle Anlässe zusammen je teilnehmendem Mitglied und Jahr.

! **Beispiel:**

Der Ehrenpräsident wird 80 Jahre, hat sein 75-jähriges Vereinsjubiläum und freut sich auf die Teilnahme an der Mitgliederversammlung, dem Vereinsausflug und der Weihnachtsfeier. Dem Ehrenpräsidenten können folgende Sachzuwendungen überreicht werden:

Persönliche Ereignisse:	Geburtstag	40 EUR	
	Vereinsjubiläum	40 EUR	
			80 EUR
Vereinsanlass:	Mitgliederversammlung	5 EUR	
	Ausflug	20 EUR	
	Weihnachtsfeier	10 EUR	
			35 EUR
Summe			**115 EUR**

Für besondere Vereinsanlässe ist die jährliche Grenze von 40 Euro noch nicht voll ausgeschöpft. Es könnten für einen weiteren Vereinsanlass nochmals 5 Euro ausgegeben werden. Zu beachten ist allerdings, dass es sich um eine Freigrenze handelt; d. h., wird diese überschritten, besteht Gefahr für die Gemeinnützigkeit.

Der Grundsatz der Ausschließlichkeit wird nicht verletzt, wenn mehrere steuerbegünstigte Zwecke nebeneinander verfolgt werden; alle Zwecke müssen jedoch satzungsgemäß festgelegt sein. Wird ein nicht begünstigter Hauptzweck verfolgt, kann die Steuervergünstigung nicht gewährt werden. Gelegentliche gesellige Veranstaltungen durch einen gemeinnützigen Sportverein sind als Nebenzweck anzusehen.

! **Beispiel:**

Ein gemeinnütziger Fußballverein mit alleinigem Satzungszweck »Förderung des Sports« führt alljährlich um die Adventszeit ein Krippenspiel mit großem Erfolg auf. Es werden dabei Eintrittsgelder erhoben. Der nicht unerhebliche Gewinn kommt der Jugendarbeit zugute. Es liegt insgesamt ein steuerpflichtiger wirtschaftlicher Geschäftsbetrieb vor. Sowohl die Eintrittsgelder als auch der Gewinn unterliegen der vollen Steuerpflicht. Erst wenn durch die Mitgliederversammlung als weiterer Satzungszweck »Förderung Kunst und Kultur« aufgenommen wird, sind die Theateraufführungen als steuerbegünstigter Zweckbetrieb anzusehen. Die Einnahmen unterliegen dann der Umsatzsteuer mit 7 %. Die Gewinne bleiben ertragsteuerfrei.

Ein gemeinnütziger Verein muss Sport selbst in Form von z. B. Sportstunden, allgemeinem Trainingsbetrieb etc. anbieten. Das bloße Überlassen von Sportgeräten und -einrichtungen reicht nicht aus.

Das Finanzamt entscheidet über die Steuerbegünstigung im jeweiligen Veranlagungsverfahren. Aus der Satzung muss direkt hervorgehen, welchen Zweck der Verein erfüllt, dass es sich um einen gemeinnützigen Zweck handelt und dass der Zweck selbstlos, ausschließlich und unmittelbar verfolgt wird. Wirtschaftliche Geschäftsbetriebe, die keine Zweckbetriebe sind, und die Vermögensverwaltung dürfen keine Satzungszwecke sein. Eine weitere satzungsmäßige Voraussetzung ist die Vermögensbindung.

Achtung !

Auf die den gesetzlichen Anforderungen entsprechende Satzung kann nicht verzichtet werden.

Für jedes steuerrechtlich selbstständige Gebilde ist eine Satzung notwendig. Daneben muss auch die tatsächliche Geschäftsführung den Satzungsbestimmungen entsprechen. Ein Verein, der in tatsächlicher Hinsicht über den Satzungszweck hinaus im steuerbegünstigten Bereich tätig wird, d. h. einen weiteren an sich steuerbegünstigten Hauptzweck verfolgt, verliert ohne Anpassung an die Satzung die Gemeinnützigkeit. Die Steuerbefreiung soll spätestens alle drei Jahre überprüft werden.

Für Eintragung als eingetragener Verein, ist die Anerkennung der Gemeinnützigkeit durch die Finanzbehörden ein wichtiges Indiz. Der Umfang und die Höhe der Einnahmen des wirtschaftlichen Geschäftsbetriebs spielt dabei nach einer Entscheidung des Bundesgerichtshofs eine untergeordnete Rolle. Fehlt es an der Anerkennung der Gemeinnützigkeit, kann das die Löschung des Vereins aus dem Vereinsregister zur Folge haben.

Nicht wirtschaftlicher Verein – Idealverein – e.V.

Ein Verein, dessen Zweck nicht auf einen wirtschaftlichen Geschäftsbetrieb gerichtet ist, erlangt Rechtsfähigkeit durch Eintragung in das Vereinsregister.

§ 21 BGB

Ein wirtschaftlicher Geschäftsbetrieb ist ....

- eine selbständige nachhaltige Tätigkeit bei der
- Einnahmen

oder

- andere wirtschaftliche Vorteile (= ersparte Aufwendungen; ein anderer zahlt)
  z. B. unentgeltliche Trikotwerbung; Sponsor kauft Trikots und überlässt diese dem Verein
  keine Spendenbescheinigung ausstellen → Gefahr für die Gemeinnützigkeit
- erzielt werden und die über den Rahmen einer Vermögensverwaltung hinausgeht.

§ 14 AO

Die Anerkennung eines Vereins als **gemeinnützig** im Sinne der §§ 51 ff. AO hat **Indizwirkung** dafür, dass er **nicht** auf einen **wirtschaftlichen Geschäftsbetrieb** gerichtet ist und in das **Vereinsregister** eingetragen werden kann. Ein Amtslöschungsverfahren ist dann ausgeschlossen.

BGH, Beschluss v. 16. Mai 2017

Der wirtschaftliche Geschäftsbetrieb eines Vereins

! **Achtung**

Mitglieder dürfen keine Zuwendungen aus Mitteln des Vereines erhalten.

Gesetzliche Definition

Ein wirtschaftlicher Geschäftsbetrieb ist gem. § 14 AO eine selbständige nachhaltige Tätigkeit, durch die Einnahmen oder andere wirtschaftliche Vorteile erzielt werden und die über den Rahmen einer Vermögensverwaltung hinausgeht. Die Absicht, Gewinn zu erzielen, ist nicht erforderlich. Eine Vermögensverwaltung liegt in der Regel vor, wenn Vermögen genutzt, Kapitalvermögen verzinslich angelegt oder unbewegliches Vermögen vermietet oder verpachtet wird.

Für die Annahme eines wirtschaftlichen Geschäftsbetriebs müssen sämtliche in § 14 AO aufgeführten Merkmale erfüllt sein. Selbstständigkeit bedeutet die sachliche Selbstständigkeit, d. h., die Betätigung hebt sich von der Gesamtbetätigung des Vereines ab und bildet keine Einheit. Nachhaltigkeit ist bereits dann gegeben, wenn eine Tätigkeit auf Wiederholung angelegt ist. Tritt ein Verein mit seiner Tätigkeit in Konkurrenz zu anderen nicht steuerbegünstigten Unternehmen, nimmt er am wirtschaftlichen Verkehr teil. Weitere Voraussetzung ist, dass der Verein Einnahmen oder sonstige wirtschaftliche Vorteile erzielt. Nicht erforderlich ist aber eine Gewinnerzielung. Wird Vereinsvermögen durch Dritte gegen Entgelt genutzt, z. B. Verzinsung von Kapitalvermögen, Vermietung von unbeweglichem Vermögen, bewegt sich der Verein im Bereich der ertragssteuerfreien Vermögensverwaltung.

Der Gewinn wird durch Gegenüberstellung der Einnahmen und Ausgaben der wirtschaftlichen Geschäftsbetriebe ermittelt.

Vier Bereiche im Verein

Wirtschaftlicher Geschäftsbetrieb
Kontenklasse 7.... und 8....

Einnahmen	**Ausgaben**
Gesellige Veranstaltungen	Honorare, Gagen
Sportveranstaltungen > 45.000 €	Bezahlte Sportler
Werbung	Anteilige Druckkosten
Verkauf Speisen/Getränke	Einkauf Speisen/Getränke
Verkauf Sportkleidung	Einkauf Sportkleidung
Sportanlagen an Nichtmitglieder	Sportgeräte
Altmaterialsammlungen	Kosten für Sammlungen
Touristikreisen	Reisebüro, Hotelkosten

Überschuss steuerpflichtig
Verlust gemeinnützigkeitsschädlich

Verluste einzelner wirtschaftlicher Geschäftsbetriebe können mit Überschüssen aus anderen wirtschaftlichen Geschäftsbetrieben abgedeckt werden. Eine Gefährdung der Gemeinnützigkeit tritt erst ein, wenn der einheitliche steuerpflichtige wirtschaftliche Geschäftsbetrieb mit Verlusten abschließt. Auch die steuerpflichtigen sportlichen Veranstaltungen sind Teil des einheitlichen steuerpflichtigen Geschäftsbetriebs.

Verbleibt im einheitlichen steuerpflichtigen wirtschaftlichen Geschäftsbetrieb ein Verlust, so ist dies gemeinnützigkeitsschädlich, wenn nicht einer der nachstehenden Sachverhalte verwirklicht ist:

- Dem ideellen Bereich wurden innerhalb der dem Verlustjahr vorangegangenen sechs Jahre Gewinne des einheitlichen steuerpflichtigen Geschäftsbetriebs in mindestens gleicher Höhe zugeführt.
- Der Verlust ist durch anteilige Abschreibungen auf gemischt genutzte Wirtschaftsgüter entstanden. Die Wirtschaftsgüter müssen dabei für den ideellen Bereich angeschafft worden sein und nur zur besseren Kapazitätsauslastung und Mittelbeschaffung teil- oder zeitweise für den steuerpflichtigen wirtschaftlichen Geschäftsbetrieb genutzt werden.
- Der Verlust beruht auf einer Fehlkalkulation.
- Der Verlust wird dadurch ausgeglichen, dass innerhalb von zwölf Monaten dem ideellen Tätigkeitsbereich wieder Mittel in entsprechender Höhe zugeführt werden.

Diese Mittel dürfen nicht aus Zweckbetrieben, aus dem Bereich der steuerbegünstigten Vermögensverwaltung, aus Beiträgen oder aus anderen Zuwendungen stammen, die zur Förderung steuerbegünstigter Zwecke bestimmt sind.

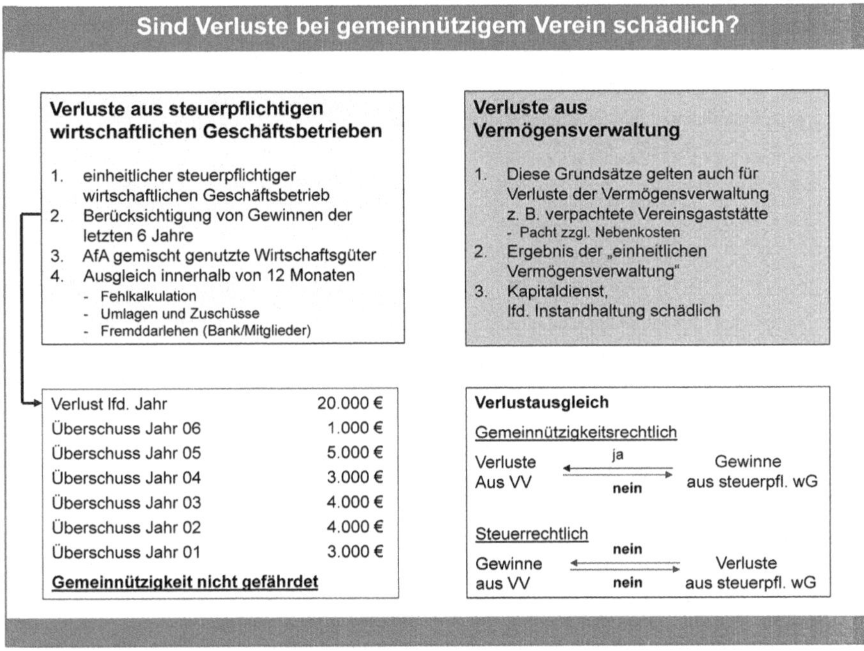

Die Zuführungen zu dem ideellen Bereich können deshalb aus folgenden Mitteln vorgenommen werden:

- aus dem Gewinn des einheitlichen wirtschaftlichen Geschäftsbetrieb, der in dem Jahr nach der Entstehung des Verlustes erzielt wird,
- aus für den Ausgleich des Verlustes bestimmten Umlagen der Mitglieder (die aber nicht als Spenden abziehbar sind).

Sollte keiner der o. g. Punkte erfüllt sein, so wird eine schädliche Verwendung von Mitteln des ideellen Bereichs für den Ausgleich des Verlustes aus dem wirtschaftlichen Geschäftsbetrieb angenommen, was den Wegfall der Gemeinnützigkeit zur Folge hat.

Wichtig !

Mittel des ideellen Bereichs dürfen nicht im wirtschaftlichen Geschäftsbetrieb verwendet werden.

Übersteigt die Summe der Bruttoeinnahmen (inkl. Umsatzsteuer) nicht den Betrag von 35.000 Euro, wird weder Körperschaftsteuer noch Gewerbesteuer erhoben. Bei Gemeinschaftengemeinnütziger Vereine sind für die Frage, ob die Besteuerungsgrenze überschritten ist, die anteiligen Einnahmen (nicht der anteilige Gewinn) maßgebend. Auch bei Unterschreiten der Besteuerungsgrenze darf der Verein keine ideellen Mittel im wirtschaftlichen Geschäftsbetrieb verwenden. Es liegt nach wie vor ein wirtschaftlicher Geschäftsbetrieb vor, der jedoch nicht zur Körperschaftsteuer und Gewerbesteuer herangezogen wird. Die Umsatzsteuer ist mit dem Regelsteuersatz anzusetzen. Verluste aus wirtschaftlichen Geschäftsbetrieben können auch nur auf die Veranlagungszeiträume vor- oder rückübertragen werden, in denen die Besteuerungsgrenze überschritten wurde. Die Freigrenze (nicht Freibetrag!!) gilt insgesamt für alle wirtschaftlichen Aktivitäten einschl. aller Abteilungen. Mit dem Überschreiten der Zweckbetriebsgrenze wird automatisch auch die Besteuerungsgrenze überschritten.

! **Beispiel:**

Ein Verein hat folgende Einnahmen aus eigener Tätigkeit erzielt:

	Jahr 01	**Jahr 02**
Vereinsgaststätte	20.000 EUR	20.000 EUR
Kegelbahn	4.000 EUR	4.000 EUR
Straßenfest	0 EUR	2.000 EUR
Bewirtung Turnier	3.000 EUR	3.000 EUR
Werbung	7.000 EUR	7.000 EUR
Gesamt	34.000 EUR	36.000 EUR

Im Jahr 01 entsteht weder eine Körperschaft- noch Gewerbesteuerpflicht, da die Besteuerungsgrenze von 35.000 Euro nicht überschritten wurde. Eine Gewinnermittlung ist nicht erforderlich. Im Jahr 02 ist der Verein ertragsteuerpflichtig; d. h. körperschaft- und gewerbesteuerpflichtig. Eine Gewinnermittlung für die einzelnen wirtschaftlichen Geschäftsbetriebe ist erforderlich. Inwieweit es bei dem Verein auch zu einer Steuerbelastung kommt, hängt von der Höhe des Gesamtüberschusses ab. Bei der Ermittlung dieses Überschusses sind alle wirtschaftlichen Geschäftsbetriebe zusammenzurechnen. Eventuelle Verluste aus einzelnen wirtschaftlichen Geschäftsbetrieben können mit Überschüssen verrechnet werden.

Immer häufiger veranstalten mehrere Vereine gemeinsam ein Straßenfest oder einen Ball. Wenn diese Gemeinschaft nach außen als Veranstalter auftritt, bildet sie eine GbR (Gesellschaft bürgerlichen Rechts). Die GbR ist umsatz- und gewerbesteuerpflichtig. Die GbR muss unter einer eigenen Steuernummer Steuererklärungen abgeben. Der anteilige Gewinn wird bei den einzelnen Vereinen versteuert. Für die Besteuerungsgrenze der Gesellschafter-Vereine sind aber die Einnahmen (und nicht der Gewinn) der Fest-GbR anteilig zu berücksichtigen.

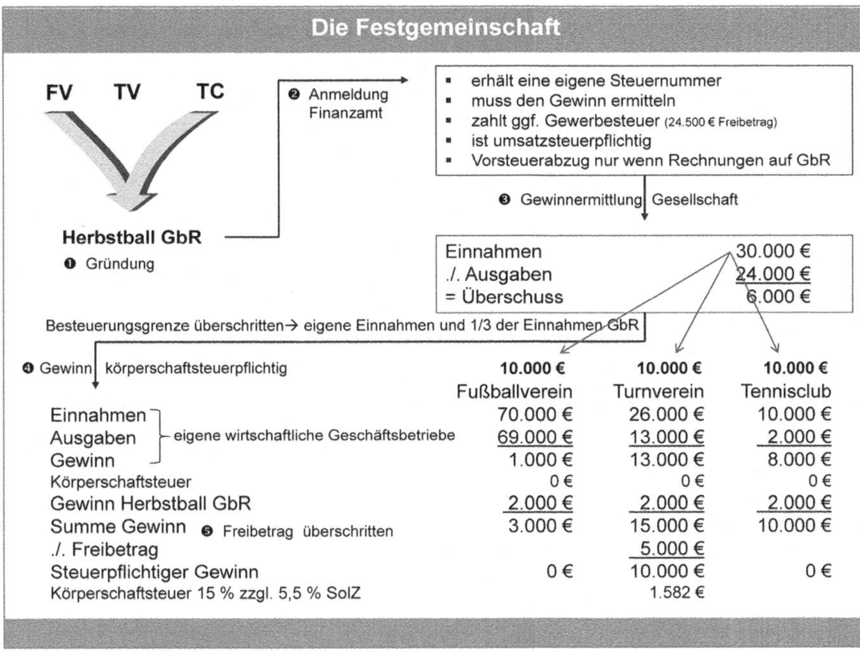

Zellteilungsverbot

Um Missbräuche zu unterbinden, ist die Aufteilung eines Mehrspartenvereins zur Ausnutzung der mehrfachen Inanspruchnahme der Besteuerungsgrenzen in selbstständige Abteilungen unzulässig. Soweit aber wirtschaftlich vernünftige Gründe vorliegen, müssen für eine Anerkennung der Aufgliederung in mehrere Vereine die neuen Vereine selbstständig sein.

Das verbleibende zu versteuernde Einkommen unterliegt der Körperschaftsteuer mit 15 % zuzüglich 5,5 % Solidaritätszuschlag.

Bei der Gewerbesteuer ist der Gewinn nach Hinzurechnungen (z. B. Dauerschuldzinsen) und Kürzungen je nach Hebesatz der Gemeinde mit Gewerbesteuer zwischen 12 und 15 % belastet.

Sowohl für die Berechnung der Körperschaftsteuer als auch der Gewerbesteuer ist vom Überschuss ein Freibetrag von 5.000 Euro bei der Körperschaftsteuer sowie von 5.000 Euro bei der Gewerbesteuer abzuziehen. Das gilt allerdings nicht für die gGmbH.

! **Beispiel:**

Einkommen	15.000 EUR
— Freibetrag	5.000 EUR
Steuerpflichtiges Einkommen	10.000 EUR
Ertragsteuerbelastung	
Körperschaftsteuer 15 % v. 10.000 EUR	1.500 EUR
Solidaritätszuschlag 5,5 % v. 1.500 EUR (abgerundet)	82 EUR
Gewerbesteuer ca. 12 % v. 10.000 EUR	1.200 EUR
Gesamt	2.782 EUR

Die Gewerbesteuer ist keine abzugsfähige Betriebsausgabe.

Werbung

Die in den unterschiedlichsten Formen vorkommende Art der Werbung, wie z. B. Bandenwerbung, Trikotwerbung, Inseratenwerbung etc. ist ein eigenständiger wirtschaftlicher Geschäftsbetrieb. Es dürfen deshalb nur die tatsächlichen Aufwendungen verrechnet werden, die auf die Werbeeinnahmen entfallen. Bei Werbeeinnahmen aus Inseratenwerbung in einer Vereinszeitschrift sind nur die anteiligen Druckkosten, die auf die Seiten mit Werbung entfallen, als Betriebsausgabe im wirtschaftlichen Geschäftsbetrieb verrechenbar.

Bei den folgenden steuerpflichtigen wirtschaftlichen Geschäftsbetrieben kann nach § 64 Abs. 6 AO der Besteuerung ein Gewinn von 15 vom Hundert der Einnahmen zu Grunde gelegt werden:

1. Werbung für Unternehmen, die im Zusammenhang mit der steuerbegünstigten Tätigkeit einschließlich Zweckbetrieben stattfindet,
2. Totalisatorbetriebe,
3. Zweite Fraktionsstufe der Blutspendedienste.

Die Reingewinnschätzung kann für den unbezahlten Sport, aber nicht für den bezahlten Sport angewendet werden; ggf. muss eine Aufteilung der Werbeeinnahmen vorgenommen werden.

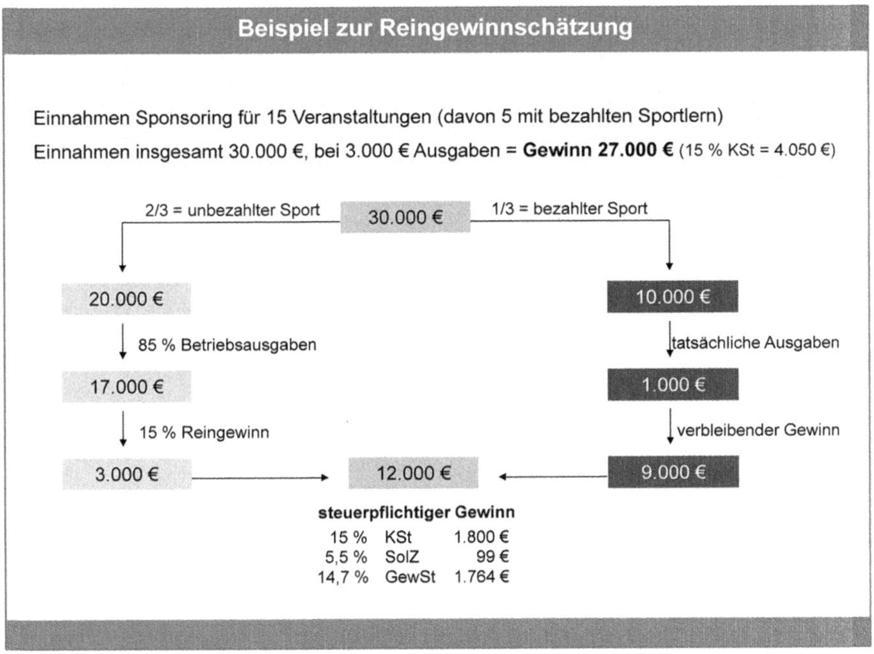

Verkauf von Speisen und Getränken

Neben der Werbung zählt bei allen Vereinen auch der Verkauf von Speisen und Getränken immer zu den Einnahmen aus wirtschaftlichen Geschäftsbetrieben. In diesem Zusammenhang spielt dann der Rohgewinn – nicht der Reingewinn – eine bedeutende Rolle. Es geht dabei um die Frage, ob die Einnahmen auch tatsächlich und vollständig gebucht werden. Auch Vereine haben laut Finanzverwaltung mindestens 100 % Rohgewinnaufschlag. Beim Verkauf von Getränken ist der Aufschlag u. U. um ein Vielfaches höher.

Rohgewinnaufschlag

Beispiel:
Der Schatzmeister Theo-Eifrig-Ahnungslos hat 1,5 Ltr. Mineralwasser für 1,00 € eingekauft. Anlässlich des Sommerfestes verkauft der SKV Insolvenza ein Glas (0,25 Ltr.) für 1,00 €. Was muss als Einnahme in der Kasse sein?

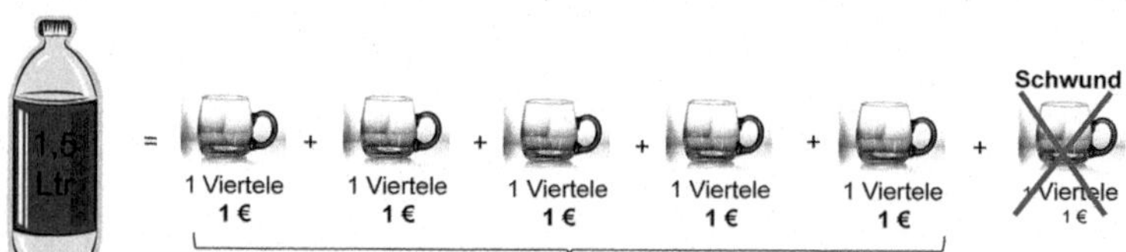

Einnahme 5 € ./. Ausgabe 1 € = Rohgewinn 4 €

Und so wird gebucht	wirtschaftlicher Geschäftsbetrieb	steuerbegünstigter Zweckbetrieb	ideeller Bereich
Kontenrahmen SKR 49 Ausgabe	8154 Wareneinkauf 19 % Weiterverkauf	5545 Sonstige Kosten der Veranstaltung Pausensprudel	2800 Mitglieder- pflege Sitzung

Vermögensverwaltung

Gesetzliche Definition

Eine Vermögensverwaltung liegt in der Regel vor, wenn Vermögen genutzt, z. B. Kapitalvermögen verzinslich angelegt oder unbewegliches Vermögen vermietet oder verpachtet wird (§ 14 AO).

Zum Bereich der Vermögensverwaltung zählen neben Zinseinnahmen, Wertpapiererträgen auch Einnahmen aus der langfristigen (mehr als sechs Monate) Vermietung und Verpachtung von Grundstücken und Gebäuden. Die Vermietung von Rechten zählt ebenfalls zur Vermögensverwaltung.

Um die Besteuerungsgrenze nicht zu überschreiten, kann der Verein wirtschaftliche Geschäftsbetriebe auslagern. Betreibt der Verein die Werbung nicht selbst, sondern vergibt die Werberechte entgeltlich an einen Dritten, sind die Einnahmen daraus ertragsteuerfreie Vermögensverwaltung. Die entgeltliche Überlassung des Rechts zur Nutzung von Werbeflächen auf Sportkleidung und Sportgeräten bleibt allerdings steuerpflichtiger Geschäftsbetrieb.

Wichtig !

Unbedingt beachten!

Für eine steuerwirksame Verpachtung sind unbedingt folgende Voraussetzungen zu beachten:

- Personelle Trennung zwischen Werbepächter und der Vereinsführung: Der Pächter sollte niemand aus dem Vorstand sein;
- 10 bis 15 % Gewinn vor Pacht/Lizenz: Sämtliche Kosten müssen vom Pächter übernommen werden;
- bei GmbH mindestens 15 % vom Stammkapital: Betriebsaufspaltung beachten (!);
- bei Gemeinde i. d. R. kein Mindestgewinn.

Der Gewinn wird durch Gegenüberstellung der Einnahmen und Ausgaben der Vermögensverwaltung ermittelt.

Vier Bereiche im Verein

Vermögensverwaltung Kontenklasse 2.... und 3....	
Einnahmen	**Ausgaben**
Miete Wohnungen	Abschreibungen
Nebenkosten Wohnungen	Personalkosten
Pacht Vereinsgaststätte	Raumkosten
Nebenkosten Gaststätte	Zinsen
Pacht Werberechte	Nebenkosten Geldverkehr
hl-Vergütung	Steuern vom Grundbesitz
Zinseinnahmen	Versicherungen
Dividenden	Reparaturen
Überschuss steuerfrei **Verlust gemeinnützigkeitsschädlich**	

! **Achtung**

Um eine Auslagerung eines steuerpflichtigen wirtschaftlichen Geschäftsbetriebs in die ertragsteuerfreie Vermögensverwaltung wirksam zu gestalten, sind die Vereinbarungen von zeichnungsberechtigten Personen (BGB-Vorstände) vorzunehmen. Die Verpachtung der Werberechte durch einen Abteilungsleiter führt u. U. nicht zum steuerlich gewünschten Ziel. Ein Blick in die Satzung beseitigt auch hier manche Zweifel.

Steuerbegünstigter Zweckbetrieb

Einzelne Zweckbetriebe sind nach § 68 AO:

- Alten-, Altenwohn- und Pflegeheime, Erholungsheime, Mahlzeitendienste, wenn sie in besonderem Maß den in § 53 AO genannten Personen dienen (§ 66 Abs. 3 AO).
- Kindergärten, Kinder-, Jugend- und Studentenheime, Schullandheime und Jugendherbergen,
- von den zuständigen Behörden genehmigte Lotterien und Ausspielungen, wenn der Reinertrag unmittelbar und ausschließlich zur Förderung mildtätiger, kirchlicher oder gemeinnütziger Zwecke verwendet wird,
- landwirtschaftliche Betriebe und Gärtnereien, die der Selbstversorgung von Körperschaften dienen und dadurch die sachgemäße Ernährung und ausreichende Versorgung von Anstaltsangehörigen sichern,
- andere Einrichtungen, die für die Selbstversorgung von Körperschaften erforderlich sind, wie Tischlereien, Schlossereien, wenn die Lieferungen und sonstigen Leistungen dieser Einrichtungen an Außenstehende den Wert 20 vom Hundert der gesamten Lieferungen und sonstigen Leistungen des Betriebs — einschließlich der an die Körperschaften selbst bewirkten — nicht übersteigen,
- kulturelle Einrichtungen, wie Museen, Theater, und kulturelle Veranstaltungen, wie Konzerte, Kunstausstellungen; dazu gehört nicht der Verkauf von Speisen und Getränken,
- Werkstätten für Behinderte, die nach den Vorschriften des Dritten Buches Sozialgesetzbuch förderungsfähig sind und Personen Arbeitsplätze bieten, die wegen ihrer Behinderung nicht auf dem allgemeinen Arbeitsmarkt tätig sein können, sowie Einrichtungen für Beschäftigungs- und Arbeitstherapie, die der Eingliederung von Behinderten dienen,
- Volkshochschulen und andere Einrichtungen, soweit sie selbst Vorträge, Kurse und andere Veranstaltungen wissenschaftlicher oder belehrender Art durchführen; dies gilt auch, soweit die Einrichtungen den Teilnehmern dieser Veranstaltungen selbst Beherbergung und Beköstigung gewähren,
- Einrichtungen, die zur Durchführung der Blindenfürsorge und zur Durchführung der Fürsorge für Körperbehinderte unterhalten werden,
- Wissenschafts- und Forschungseinrichtungen, deren Träger sich überwiegend aus Zuwendungen der öffentlichen Hand oder Dritter oder aus der Vermögensverwaltung finanzieren. Der Wissenschaft und Forschung dient

auch die Auftragsforschung. Nicht zum Zweckbetrieb gehören Tätigkeiten, die sich auf die Anwendung gesicherter wissenschaftlicher Erkenntnisse beschränken, die Übernahme von Projektträgerschaften sowie wirtschaftliche Tätigkeiten ohne Forschungsbezug,
- Einrichtungen der Fürsorgeerziehung und der freiwilligen Erziehungshilfe.

Der Gewinn wird durch Gegenüberstellung der Einnahmen und Ausgaben der Zweckbetriebe ermittelt.

Vier Bereiche im Verein

Zweckbetrieb
Kontenklasse 5.... und 6....

Einnahmen	**Ausgaben**
Eintritt Kultur	Abschreibungen
Eintritt Sport	Personalkosten
Startgelder	Raumkosten
Sportkurse	Trainer, Übungsleiter
Zuschüsse	Kosten Sportveranstaltung
Sportanlagen an Mitglieder	Kosten Sportanlage
Kinder- und Jugendreisen	Kosten Veranstaltung
Sportreisen	Reisebüro, Hotelkosten

Überschuss steuerfrei
Verlust gemeinnützigkeitsunschädlich

Einem gemeinnützigen Verein wird von den nach dem jeweiligen Landeslotteriegesetz vorgesehenen Behörden eine allgemeine Erlaubnis erteilt, wenn der Gesamtpreis der Lose 40.000 Euro nicht übersteigt und der Reinerlös ausschließlich und unmittelbar zu gemeinnützigen Zwecken verwendet wird. Lotteriesteuer fällt an, wenn bei einer erlaubten Lotterie der Gesamtpreis der Lose 40.000 Euro übersteigt. Für Baden-Württemberg ist z. B. das Finanzamt Karlsruhe Durlach zuständig. Die Voraussetzungen sind aus dem nachfolgenden Schaubild ersichtlich.

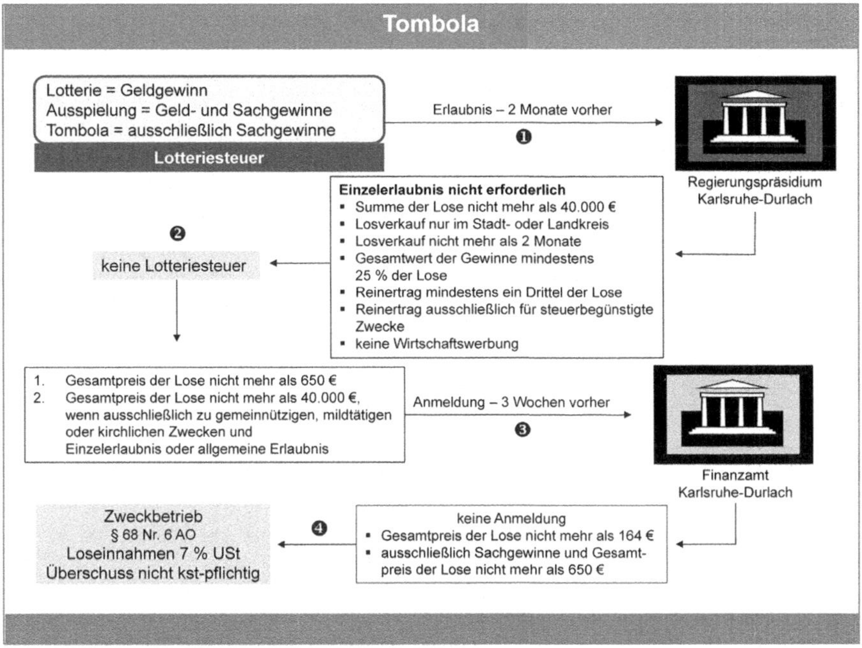

Die Vermietung von Sportanlagen ist keine sportliche Veranstaltung, sondern Zweckbetrieb eigener Art. Sie ermöglicht nur die Ausübung von Sport. Einnahmen aus der Vermietung von Sportanlagen auf längere Dauer von mindestens 6 Monaten gehören zum steuerfreien Bereich der Vermögensverwaltung. Bei der Vermietung auf kurze Dauer (z. B. stundenweise Vermietung, auch wenn diese für einen längeren Zeitraum im Voraus festgelegt wird) an Mitglieder liegen Einnahmen im Zweckbetrieb vor. Eine Berücksichtigung bei Berechnung der Zweckbetriebsgrenze entfällt deshalb. Die kurzfristige Vermietung an Nichtmitglieder stellt einen wirtschaftlichen Geschäftsbetrieb dar.

Sonderfall »Sportliche Veranstaltungen«

Gesetzliche Definition

Sportliche Veranstaltungen eines Sportvereins sind nach § 67a Abs. 1 AO ein Zweckbetrieb, wenn die Einnahmen einschließlich Umsatzsteuer insgesamt 45.000 Euro im Jahr nicht übersteigen.

! **Achtung**

Der Verkauf von Speisen und Getränken sowie die Werbung gehören nicht zu den sportlichen Veranstaltungen.

Der Sportverein kann dem Finanzamt bis zur Unanfechtbarkeit des Körperschaftsteuerbescheides erklären, dass er auf die Anwendung des § 67a Abs. 1 Satz 1 AO verzichtet. Die Erklärung (Anlage Sport) bindet den Sportverein für mindestens fünf Veranlagungszeiträume.

Wird auf die Anwendung des Abs. 1 Satz 1 verzichtet, sind sportliche Veranstaltungen eines Sportvereins ein Zweckbetrieb, wenn

1. kein Sportler des Vereins teilnimmt, der für seine sportliche Betätigung oder für die Benutzung seiner Person, seines Namens, seines Bildes oder seiner sportlichen Betätigung zu Werbezwecken von dem Verein oder einem Dritten über eine Aufwandsentschädigung hinaus Vergütungen oder andere Vorteile erhält und
2. kein anderer Sportler teilnimmt, der für die Teilnahme an der Veranstaltung von dem Verein oder einem Dritten im Zusammenwirken mit dem Verein über eine Aufwandsentschädigung hinaus Vergütungen oder andere Vorteile erhält.

Andere sportliche Veranstaltungen sind ein steuerpflichtiger wirtschaftlicher Geschäftsbetrieb. Dieser schließt die Steuervergünstigung nicht aus, wenn die Vergütungen oder anderen Vorteile ausschließlich aus wirtschaftlichen Geschäftsbetrieben, die nicht Zweckbetrieb sind, oder Dritten geleistet werden.

Sportliche Veranstaltungen sind solche, bei denen Einnahmen erzielt werden; sei es nun durch Eintrittsgelder, Start- oder Teilnehmergebühren, Ablösezahlungen vereinseigener Sportler, Verkauf von Programmheften etc. Zu den sportlichen Veranstaltungen zählen auch Sportreisen und die Erteilung von Sportunterricht an Mitglieder und Nichtmitglieder. Das Betreiben von Vereinsheimen oder Vereinsgaststätten ist keine »sportliche Veranstaltung«, auch wenn sich das Angebot nur an Mitglieder richtet.

Sportreisen sind als sportliche Veranstaltungen anzusehen, wenn die sportliche Betätigung wesentlicher und notwendiger Bestandteil der Reise ist (z. B. Reise zum Wettkampfort, Vereinsmeisterschaft, Trainingslager, Skikurs etc.). Reisen, bei denen die Erholung der Teilnehmer im Vordergrund steht (Touristikreisen), zählen dagegen nicht zu den sportlichen Veranstaltungen, selbst wenn anlässlich der Reise auch Sport getrieben wird.

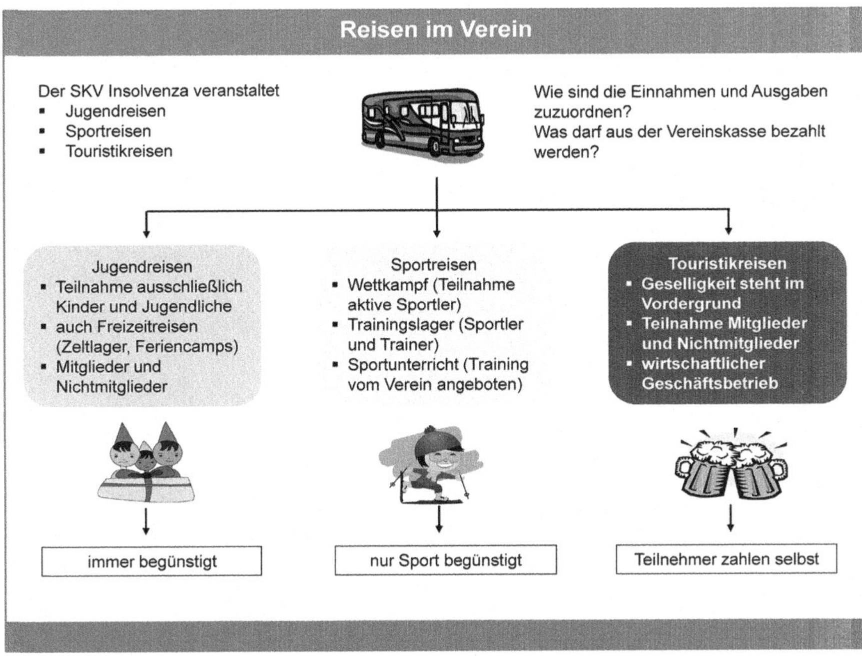

Die Abgrenzung zwischen einem Vereinsausflug, bei dem die 40-Euro-Grenze gilt, und einer sog. Zielveranstaltung, bei der diese Begrenzung für die Kostenübernahme nicht gilt, erfolgt danach, ob die Reise (z. B. Trainingslager oder aber Konzertreise ins Ausland) zumindest weitaus überwiegend im Interesse des Vereins zur Erfüllung seiner satzungsmäßigen Aufgaben unternommen wird und die Verfolgung privater Interessen, wie z. B. Erholung und Bildung, nach dem Anlass der Reise, dem vorgelegten Programm und der tatsächlichen Durchführung so gut wie ausgeschlossen ist. Dabei sind für die Abgrenzung folgende Punkte relevant:

- dargebotene Information,
- Teilnehmerkreis,
- Reiseroute,
- Charakter der aufgesuchten Orte als beliebte Ausflugsziele,
- fachliche Organisation,
- Gestaltung der Wochenenden,
- frei verfügbare Zeitabschnitte.

Der Gewinn wird durch Gegenüberstellung der Einnahmen und Ausgaben der sportlichen Veranstaltungen ermittelt.

Förderung bezahlter Sport

Die Förderung des bezahlten Sports ist nur neben dem im Vordergrund stehenden Amateursport gemeinnützigkeitsunschädlich. Bei Unterschreiten der Zweckbetriebsgrenze dürfen bezahlte Sportler auch aus ideellen Mitteln steuerunschädlich bezahlt werden. Wird die Zweckbetriebsgrenze allerdings überschritten, ist die Gemeinnützigkeit nur dann nicht gefährdet, wenn die Vergütungen oder anderen Vorteile an bezahlte Sportler aus den steuerpflichtigen wirtschaftlichen Geschäftsbetrieben oder von Dritten geleistet werden. Ein Sportverein darf keine dem Sport nahestehende Tätigkeit fördern, die nicht selbst als gemeinnützig anerkannt ist.

Erhaltene Ablösezahlungen gehören zu den Einnahmen aus sportlichen Veranstaltungen; sie sind deshalb mit in die Zweckbetriebsgrenze einzubeziehen. Erhaltene Ablösesummen sind immer dann unproblematisch, wenn die Zweckbetriebsgrenze nicht überschritten ist. Etwas schwieriger ist die Betrachtungsweise der gezahlten Ablösesummen. Diese sind uneingeschränkt zulässig, soweit es sich um einen steuerbegünstigten Zweckbetrieb handelt.

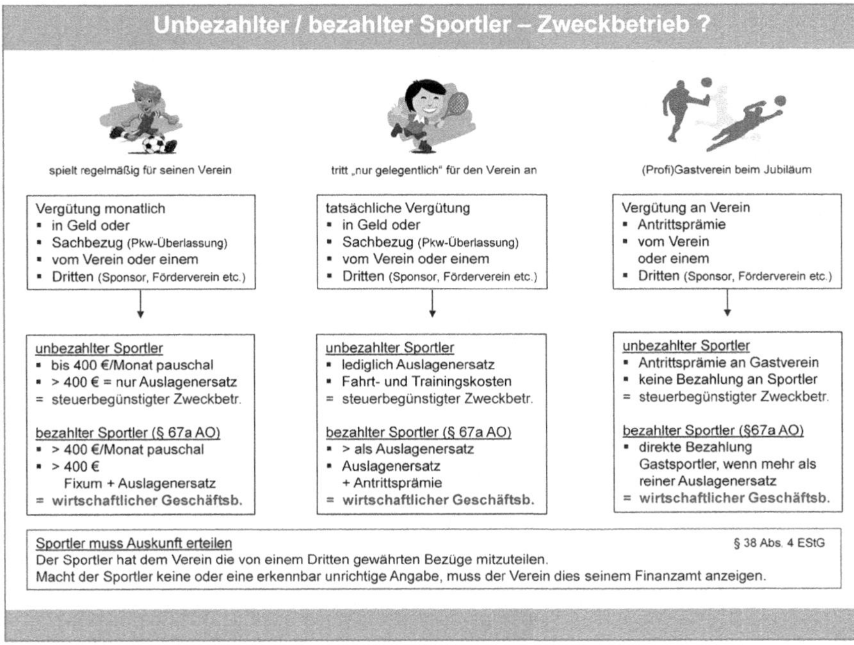

Wird die Zweckbetriebsgrenze überschritten oder per Option darauf verzichtet, können vom zahlenden Verein gemeinnützigkeitsunschädlich lediglich die Ausbildungskosten des abgebenden Vereins erstattet werden. Dies sind beim aufnehmenden Verein pauschal 2.557 Euro oder nachgewiesene höhere Ausbildungskosten, soweit es sich in den ersten zwölf Monaten um einen unbezahlten Sportler handelt. Für bezahlte Sportler gibt es keine Begrenzung der Ablösesumme. Allerdings muss die gezahlte Ablösesumme aus dem Überschuss der Gesamtheit der steuerpflichtigen wirtschaftlichen Geschäftsbetriebe geleistet werden.

Sportliche Veranstaltungen sind ein Zweckbetrieb, wenn die Bruttoeinnahmen (inkl. Umsatzsteuer) aus allen sportlichen Veranstaltungen eines Kalenderjahres 45.000 Euro nicht übersteigen. Es ist dabei unerheblich, ob bezahlte oder unbezahlte Sportler daran teilgenommen haben, mit welchen Mitteln sie bezahlt wurden und ob Verluste mit ideellen Mitteln abgedeckt wurden. Übersteigen die Einnahmen die Zweckbetriebsgrenze, sind alle sportlichen Veranstaltungen

– einschließlich der mit unbezahlten Sportlern – steuerpflichtige wirtschaftliche Geschäftsbetriebe.

! Achtung

Nicht jeder Sportfachverband lässt Spielgemeinschaften zu.

Bei Spielgemeinschaften von Sportvereinen ist bei der Körperschaftsteuerveranlagung der einzelnen beteiligten Sportvereine zu entscheiden, ob ein Zweckbetrieb oder ein wirtschaftlicher Geschäftsbetrieb vorliegt.

Übersicht Sportliche Veranstaltungen

Verzichtet ein Sportverein auf die Anwendung der Zweckbetriebsgrenze (45.000 Euro), ist er für mindestens fünf Veranlagungszeiträume an diese Verzichtserklärung gebunden.

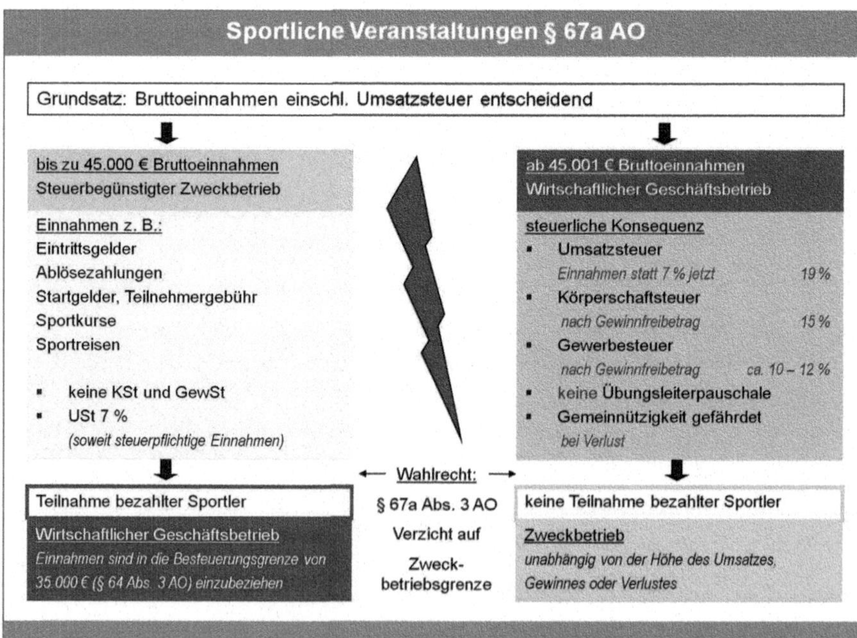

Bezahlter Sportler ist, wer für seine sportliche Betätigung oder für die Benutzung seiner Person, seines Namens, seines Bildes oder seiner sportlichen Betätigung zu Werbezwecken bezahlt wird. Es ist dabei zwischen Sportlern des Vereins und anderen — vereinsfremden — Sportlern zu unterscheiden. Als Sportler des Vereins gelten alle, die für den Verein auftreten. Bezahlter Sportler ist danach, wer vom Verein oder einem Dritten über eine Aufwandsentschädigung hinaus (unschädlich 400 Euro durchschnittlich pro Monat) Vergütungen erhält. Werden höhere Aufwendungen erstattet, sind die gesamten Aufwendungen im Einzelnen nachzuweisen. Dabei muss es sich um Aufwendungen persönlicher oder sachlicher Art handeln, die dem Grunde nach Werbungskosten oder Betriebsausgaben sein können. Nehmen vereinsfremde Sportler teil, gelten diese Sportler für den veranstaltenden Verein nur dann als bezahlte Sportler, wenn der Verein oder ein Dritter im Zusammenwirken mit dem Verein dem Sportler mehr als die tatsächlich dem Sportler entstandenen Kosten (Pauschale mit 400 Euro gilt nicht) vergütet.

Achtung !

Die Frage bezahlter oder unbezahlter Sportler hat keine Auswirkungen auf die Abgabenpflicht in der Lohnsteuer und Sozialversicherung. Auch bei Zahlungen an »unbezahlte« Sportler i. S. des § 67a AO (Vergütungen weniger als 400 Euro), die pauschal – ohne Einzelnachweis – erfolgen, ist immer eine Steuer- und Sozialversicherungspflicht zu prüfen. Dies gilt auch für Zahlungen von Dritten (Sponsoren, Mäzenen, Fördervereinen etc.).

Die Erhöhung der monatlichen Minijobgrenze von 400 Euro auf 450 Euro seit dem 01.01.2013 gilt nicht für die Frage, ob ein Sportler als bezahlter oder unbezahlter im Sinne des § 67a AO gilt.

Mindestlohn im Sport

Seit 01.01.2015 gilt der Mindestlohn. Dabei geht es nicht nur um den jeweiligen Stundenlohn von 8,50 Euro (2019 = 9,19 €; 2020 = 9,35 €). Es sind künftig eine Vielzahl an Fragen rund um den Mindestlohn zu klären.

Fragen zum Mindestlohn

Personen
- Wer hat Anspruch auf den Mindestlohn?

Arbeitsentgelt
- Was zählt zur Bemessungsgrundlage für den Mindestlohn?

Arbeitszeit
- Was zählt zur Arbeitszeit beim Mindestlohn?

Aufzeichnungspflichten
- Wie müssen Nachweise zum Mindestlohn geführt werden?

Sanktionen
- Welche Konsequenzen ergeben sich bei Fehlern zum Mindestlohn?

Da es im Zusammenhang mit der Einführung des Mindestlohngesetzes (MiLoG) einige Unsicherheiten und eine Reihe von klärungsbedürftigen Problemen bei Sportvereinen gab, fand am 23.02.2015 ein Gespräch des DFB und DOSB mit dem BMAS statt. Es ging dabei insbesondere um Fragen, ob und wann Übungsleiter und Trainer, ehrenamtlich mitarbeitende Vereinsmitglieder mit Aufwandsentschädigung sowie Vertragssportler/-amateure unter das Mindestlohngesetz fallen.

Erfreulicherweise konnten mit Frau Ministerin Nahles für diese Fragen und Probleme gute Lösungen gefunden werden. Diese Lösungen werden nachfolgend im Einzelnen und in vollem Wortlaut der Vereinbarung wie folgt erläutert:

1. Vertragsspieler mit geringfügigem Beschäftigungsverhältnis (Minijob also nicht mehr als 450 Euro/Monat)

Viele Vertragsspieler (auch »Vertragssportler« oder »Vertragsamateure« genannt) werden derzeit von ihren Vereinen über das Mitgliedschaftsverhältnis hinaus vertraglich gebunden und als Minijobber angemeldet. Sie erhalten für ihre Tätigkeit eine geringe Vergütung, die sich i. d. R. zwischen 200 und 450 Euro bewegt. Die DFB-Spielordnung schreibt für die Vertragsspieler in § 8 Ziffer 2 eine Mindestvergütung von 250 Euro monatlich (einschließlich geldwerter Vorteile) vor.

Das BMAS und der DOSB/DFB haben im Rahmen der Auslegung unter Berücksichtigung der Beschlussempfehlung des Bundestagsausschusses für Arbeit und Soziales sowie des § 22 Abs. 3 MiLoG festgestellt, dass Vertragsamateure typischerweise nicht in einem Arbeitsverhältnis tätig werden und damit auch nicht in den Anwendungsbereich des Mindestlohngesetzes fallen. Entscheidend dafür ist, dass die sportliche Betätigung und nicht die finanzielle Gegenleistung im Vordergrund steht.

Steht die sportliche Betätigung im Vordergrund des Vertragsverhältnisses, ist daher trotz Anmeldung über einen Minijob nicht von einem Arbeitsverhältnis auszugehen. Ein Automatismus, wonach die Anmeldung bei der Minijobzentrale gleichzeitig ein Arbeitsverhältnis im Sinne des Mindestlohngesetzes bedeutet, besteht im Bereich der Vertragsamateure also nicht. Soweit Vertragsamateure hiernach keine Arbeitnehmer sind, finden auch die Dokumentationspflichten des Gesetzes keine Anwendung. Das BMAS hat zugesagt, die zu dieser Thematik auf der Internetseite des Ministeriums veröffentlichten »Fragen zum Mindestlohn«, insbesondere Ziffer 5.11.3, entsprechend zu präzisieren.

Frau Ministerin Nahles hat ausdrücklich hervorgehoben: »Das zeitliche und persönliche Engagement dieser Sportler zeigt eindeutig, dass nicht die finanzielle Gegenleistung, sondern die Förderung des Vereins und der Spaß am Sport im Vordergrund steht.« Sie bezog sich hierbei ausdrücklich auf die in der Beschlussempfehlung des Bundestagsausschusses für Arbeit und Soziales (BT-Drs. 18/2010, S. 15) enthaltene Formulierung, in der es u. a. heißt, dass auch Amateur- und Vertragssportler nicht unter den Arbeitnehmerbegriff fallen, wenn ihre ehrenamtliche sportliche Betätigung und nicht die finanzielle Gegenleistung für ihre Tätigkeit im Vordergrund steht. Das BMAS hat diese Rechtsauffassung mit dem für die Finanzkontrolle Schwarzarbeit (FKS) zuständigen Bundesministerium der Finanzen (BMF) geklärt, sodass in diesen Fällen Vereine und ihre Vorstände keine Bußgeldverfahren befürchten müssen.

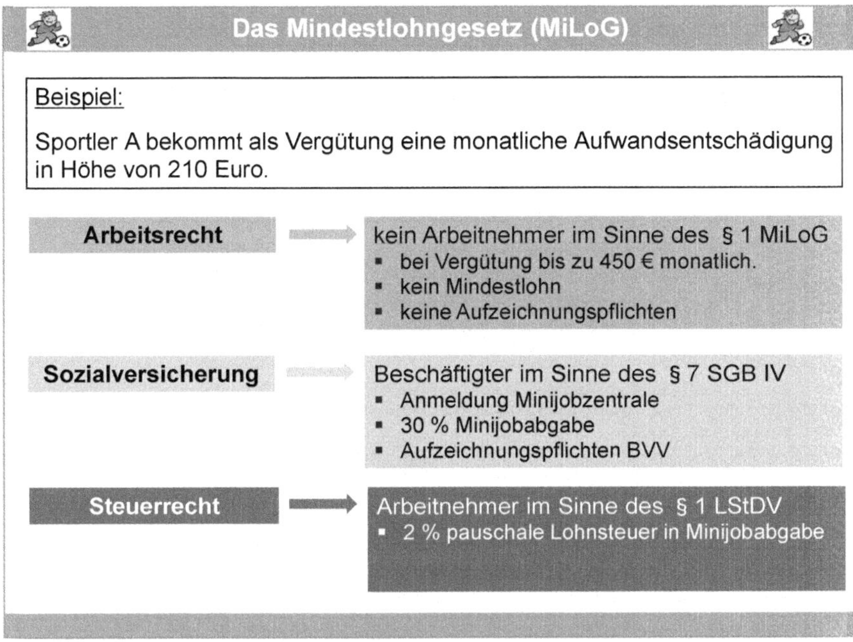

2. Vertragsspieler oberhalb der Minijob-Grenze

Für Vertragsspieler mit Vergütungen oberhalb der Minijob-Grenze wurde keine generelle Regelung getroffen. Auch wenn einzelnen Äußerungen klar zu entnehmen ist, dass selbst für Vertragsspieler jenseits der Minijob-Grenze die Anwendung des Mindestlohngesetzes nicht zwingend ist, kommt es in diesen Fällen weiterhin auf den Einzelfall an.

Mit maßgeblich im Rahmen einer Prüfung ist auch hier, ob es dem Spieler in erster Linie um die sportliche Betätigung oder die finanzielle Gegenleistung geht. Es gilt hier: Je höher die gezahlte Vergütung, desto eher ist von einer

Erwerbstätigkeit auszugehen. Ergibt das Ergebnis dieser Einzelfallprüfung, dass der Spieler unter das Mindestlohngesetz fällt, ist der Mindestlohn zu zahlen. Mindestlohnrechtliche Aufzeichnungspflichten bestehen für Sportvereine bei Arbeitnehmern mit Entgelten oberhalb der Minijob-Grenze nicht.

3. Übungsleiter/Trainer

DOSB/DFB und BMAS sind übereinstimmend der Auffassung, dass es sich bei diesem Personenkreis überwiegend um Ehrenamtliche handelt, sodass das Mindestlohngesetz keine Anwendung findet. Wer ehrenamtlich tätig ist, ist kein Arbeitnehmer.

Das Mindestlohngesetz (MiLoG) im Verein

Beispiel:

Trainer bekommt als Vergütung eine monatliche Aufwandsentschädigung in Höhe von 200 Euro.

Arbeitsrecht	kein Arbeitnehmer im Sinne des § 1 MiLoG ▪ bei Vergütung bis zu 200 € monatlich ▪ kein Mindestlohn ▪ keine Aufzeichnungspflichten
Sozialversicherung	Beschäftigter im Sinne des § 7 SGB IV ▪ aber: kein Arbeitsentgelt § 1 Abs. 1 Nr. 16 SvEV
Steuerrecht	Arbeitnehmer im Sinne des § 1 LStDV ▪ aber: steuerfreie Einnahme § 3 Nr. 26 EStG

Ehrenamtlich tätig ist derjenige, der unentgeltlich bzw. gegen den Ersatz von Aufwendungen tätig wird. Von einer unentgeltlichen Tätigkeit ist innerhalb der aus dem Steuerrecht anerkannten Übungsleiterpauschale von 2.400 Euro im Jahr bzw. bei Ersatz von nachweislich entstandenen konkreten Aufwendungen (wie z. B. Fahrkosten, Kauf von Trainingsmitteln) auszugehen.

Daraus folgt:

1. Übungsleiter, die bis zu 2.400 Euro im Jahr im Wege der steuerrechtlich anerkannten Übungsleiterpauschale erhalten, sind keine Arbeitnehmer, sodass das Mindestlohngesetz keine Anwendung findet. In diesem Fall sollten sie nicht als Minijobber angemeldet sein oder werden.
2. Auch wer als Übungsleiter mehr als die steuerfreie Übungsleiterpauschale erhält, ist nicht automatisch Arbeitnehmer.

Allerdings muss dann in jedem Einzelfall geprüft werden, ob es sich um weisungsabhängige Arbeitnehmer handelt, auf die das Mindestlohngesetz Anwendung findet oder nicht. Von einer Arbeitnehmereigenschaft ist jedoch nicht bereits durch die Vorgabe von Zeit und Ort der Tätigkeit, also Trainingstage und Trainingsprogramm, auszugehen.

Entscheidend ist, wie intensiv der Übungsleiter in den Verein eingebunden ist, in welchem Umfang er den Trainingsinhalt, die Art und Weise der Trainingserteilung, die Arbeitszeit und die sonstigen Umstände der Tätigkeit mitgestalten und inwieweit er zu Nebenarbeiten herangezogen werden kann.

a) Wenn die Prüfung ergibt, dass es sich nicht um Arbeitnehmer handelt, muss auch kein Mindestlohn gezahlt werden. Dann sollten sie auch nicht als Minijobber angemeldet sein oder werden.
b) Wenn die Prüfung ergibt, dass es sich um Arbeitnehmer handelt, findet das Mindestlohngesetz ohne Einschränkung Anwendung.

Grundsätzlich schließt eine Arbeitnehmertätigkeit ein darüber hinausgehendes ehrenamtliches Engagement neben der geringfügigen Beschäftigung nicht aus. Es muss sich jedoch aus der Vertragsgestaltung ergeben, welche Leistungen in welchem Umfang Bestandteil der arbeitsvertraglichen Beziehung sind. Eine darüber hinausgehende ehrenamtliche Tätigkeit muss hiervon nach Art und Inhalt deutlich abgrenzbar sein.

4. Sonstige Tätigkeiten im Sportverein

Es bestand weiter Einigkeit darüber, dass Personen, die an einigen Stunden wöchentlich eine Sportanlage unterhalten, Trikots waschen oder ähnliche Tätigkeiten ausüben und hierfür Aufwandsentschädigung oder Auslagenersatz erhalten, ebenfalls in der Regel ehrenamtlich tätig sind. Sie sollten nicht als Minijobber angemeldet sein oder werden.

Als Alternative kommt in diesen Fällen die Zahlung im Rahmen der sog. Ehrenamtspauschale in Betracht, die bis 720 Euro im Jahr steuerfrei ist.

Das Mindestlohngesetz (MiLoG) im Verein

Beispiel:

Die Buchhalterin bekommt als Vergütung eine monatliche Aufwandsentschädigung in Höhe von 60 €.

Arbeitsrecht	kein Arbeitnehmer im Sinne des § 1 MiLoG ▪ bei Vergütung bis zu 200 € monatlich. ▪ kein Mindestlohn ▪ keine Aufzeichnungspflichten
Sozialversicherung	Beschäftigter im Sinne des § 7 SGB IV ▪ aber: kein Arbeitsentgelt § 1 Abs. 1 Nr. 16 SvEV
Steuerrecht	Arbeitnehmer im Sinne des § 1 LStDV ▪ aber: steuerfreie Einnahme § 3 Nr. 26a EStG.

Personen, die für die Vereine arbeiten und dies offenkundig nicht aus ehrenamtlichem Engagement, sondern zum Gelderwerb tun, sind und bleiben Arbeitnehmer. Für sie gelten die allgemeinen Bestimmungen wie für jeden anderen Arbeitnehmer auch. Ob der Arbeitgeber gemeinnützig ist oder nicht, spielt hierbei keine Rolle. In diesen Fällen findet dann auch das Mindestlohngesetz Anwendung.

5. Dokumentationspflicht

Durch die vorangegangenen Klarstellungen sind die Fälle, in denen Beginn und Ende der Arbeitszeit gemäß § 17 MiLoG dokumentiert werden müssen, auf ein vertretbares Maß gesunken: Soweit kein Arbeitsverhältnis vorliegt, bedarf es auch keiner Aufzeichnung der Arbeitszeit. Für geringfügig beschäftigte Arbeitnehmer hält das BMAS an der Dokumentationspflicht fest, weist aber darauf hin, dass es keine Formvorschriften gibt, auf welche Weise die Dokumentation im Einzelnen erfolgen muss. Über die Homepage der Minijobzentrale ist z. B. ein entsprechendes Formular zur Zeiterfassung abrufbar (http://www.minijob-zentrale.de); auch die Möglichkeit der Zeiterfassung per Smartphone durch die einzelnen Minijobber und die Weiterleitung an eine zentrale Erfassungsstelle im Verein wird für zulässig erachtet.

MiLoG und Aufzeichnungs- und Dokumentationspflicht

Aufzeichnungs-/Dokumentationspflicht

Neue Aufzeichnungspflichten für bestimmte Wirtschaftszweige und für Minijobs:

- Beginn,
- Ende und
- Dauer der täglichen Arbeitszeit
- dieser Arbeitnehmerinnen und Arbeitnehmer
- sind spätestens bis zum Ablauf des siebten auf den Tag der Arbeitsleistung folgenden Kalendertages aufzuzeichnen
- und diese Aufzeichnungen mindestens zwei Jahre beginnend ab dem für die Aufzeichnung maßgeblichen Zeitpunkt aufzubewahren

Bußgeld bis zu 30.000 €

Welche Nachweispflicht muss der Arbeitgeber nach § 2 NachwG beachten?

1. Name und die Anschrift der Vertragsparteien
2. Zeitpunkt des Beginns des Arbeitsverhältnisses
3. bei befristeten Arbeitsverhältnissen: die vorhersehbare Dauer des Arbeitsverhältnisses
4. Arbeitsort oder Hinweis, dass der Arbeitnehmer an verschiedenen Orten beschäftigt werden kann
5. kurze Charakterisierung oder Beschreibung der vom Arbeitnehmer zu leistenden Tätigkeit
6. Zusammensetzung und Höhe des Arbeitsentgelts einschl. der Zuschläge, der Zulagen, Prämien und Sonderzahlungen sowie andere Bestandteile des Arbeitsentgelts und deren Fälligkeit
7. Vereinbarte Arbeitszeit
8. Dauer des jährlichen Erholungsurlaubs
9. Fristen für die Kündigung des Arbeitsverhältnisses
10. Hinweis auf Tarifverträge, Betriebs- oder Dienstvereinbarungen, die auf das Arbeitsverhältnis anzuwenden sind

Mindestlohn und Phantomlohn

Mit jeder Erhöhung des Mindestlohns reduziert sich die maximale monatliche Stundenzahl, die ein Arbeitnehmer zur Verfügung steht. Da in der Sozialversicherung ein sog. Anspruchsprinzip gilt und nicht wie im Lohnsteuerrecht das Auszahlungsprinzip, kann es zum sog. „Phantomlohn" kommen.

Mindestlohn und Phantomlohn

Beispiel:
Wanda Lismus reinigt das vereinseigene Fitnessstudio vom SKV Insolvenza mit einer Fläche von 1.000 m².
Es gibt nur eine kurze Vereinbarung:
- monatlich 450 €, an 5 Werktagen/Woche

Aufzeichnungen über Arbeitszeiten gibt es nicht!!

Lösung:
Mindestlohn seit 2015:

Monatlich (Mindestlohn 450 € : 8,50 €)	52,94 Stunden
2017 = Mindestlohn 8,84 € (450,00 € : 8,84 €)	50,90 Stunden
2019 = Mindestlohn 9,19 € (450,00 € : 9,19 €)	48,96 Stunden
Woche (52,94 Std. : 4 Wochen)	13,23 Stunden
Arbeitstag (13,23 Std : 5 AT)	2,65 Stunden

Vor was Sie sich hüten müssen ....

dass ein Prüfer der Sozialversicherung die Phantomlohndiskussion eröffnet.

Er vergleicht mit anderen Fällen und kommt pro Arbeitstag auf	3 Stunden
wöchentlich (5 Arbeitstage x 3 Stunden)	15 Stunden
monatlich (15 Stunden x 4 Wochen)	60 Stunden
Gesetzlicher Anspruch **(= sozialversicherungspflichtig)** → 60 Std. x 8,50 €	**510 €**

Meldung an den Zoll →	**450 € : 60 Stunden**	**7,50 €**

6. Unfallversicherungsschutz bezahlter Sportler (VBG)

VBG und MiLOG — Was sind die Auswirkungen bei der VBG?

- Der Unfallversicherungsschutz für die Sportausübung setzt ab 1.1.2015 voraus, dass Sportlerinnen und Sportler Geld- oder Sachzuwendungen erhalten, die
  1. individuell oder pauschal der Einkommensteuer und den Sozialversicherungsbeiträgen unterworfen werden und in jedem Monat der Vertragslaufzeit die Grenze von 200 € netto überschreiten,
  2. den gesetzlich vorgesehenen Mindestlohn in der jeweiligen Höhe je Zeitstunde nicht unterschreiten.
- Für den gesetzlichen Unfallversicherungsschutz müssen beide Voraussetzungen kumulativ erfüllt sein.
- Es sind dabei folgende Zeiten zugrunde zu legen:
  - die reguläre Spieldauer von Anpfiff bis zum Abpfiff (inkl. der zum Spiel gehörenden Pausen und Unterbrechungen)
  - die regulären reinen Trainingsdauern (vom Trainingsbeginn bis zum Trainingsende)
- Bei der Prüfung der Grenze von 200 € im Monat bleiben unberücksichtigt:
  - unregelmäßige Geld- und Sachleistungen
    Sieg-, Auflauf-, Leistungs-, Punkt- oder Bleibeprämien, einmalige Zuwendungen
  - Erstattung von tatsächlich nachgewiesenen Auslagen
    Fahrkarten, Sportgeräte, Reinigung Sportkleidung
  - Geld- und Sachleistungen, die kein beitrags- und nachweispflichtiges Arbeitsentgelt sind:
    Fahrtkostenzuschüsse, Mahlzeiten, Getränke

Gefahrtarif 2019 der VBG im Sport mit steigender Tendenz

Soweit Mitarbeiter/Mitarbeiterinnen eines Sportvereins jährlich mehr als 2.400 € bzw. 720 € für ihre Tätigkeit erhalten bzw. auf die steuerfreien Einnahmen kein Anspruch besteht, muss der Verein Beiträge an die VBG bezahlen.

Der VBG-Beitrag richtet sich nach Gefahrtarifen und berechnet sich wie folgt:

$$\frac{\text{Gesamtentgelt x Gefahrklasse x Beitragsfuß}}{1000}$$

bezahlte Fußballerinnen und Fußballer	sonstige bezahlte Sportlerinnen und Sportler	keine bezahlten Sportler Trainer, Platzwart, Geschäftsstelle
Gefahrtarif 60,62	Gefahrtarif 60,39	Gefahrtarif 2,71
Berechnung VBG-Beitrag:	Berechnung VBG-Beitrag:	Berechnung VBG-Beitrag:
$\frac{400\ € \times 60{,}62 \times 3{,}90\ €}{1000}$ **94,56 €**	$\frac{400\ € \times 60{,}39 \times 3{,}90\ €}{1000}$ **94,20 €**	$\frac{400\ € \times 2{,}71 \times 3{,}90\ €}{1000}$ **4,22 €**

Die seit 1.1.2015 geltende Beurteilungspraxis der VBG steht nicht im Widerspruch zur aktuellen Positionierung des BMAS zur Beurteilung des sozialversicherungsrechtlichen Beschäftigungsstatus von Amateur- und Vertragssportlern.

Im Sport erfolgt die Abgrenzung einer unfallversicherten und damit beitragspflichtigen Beschäftigung vom unversicherten Freizeitsport im Rahmen einer Gesamtbetrachtung der für die Sportausübung maßgebenden Umstände. Bei dieser Gesamtschau kommt es für das Vorliegen eines Beschäftigungsverhältnisses darauf an, dass der Sport zu Erwerbszwecken und nicht nur als Freizeithobby betrieben wird. Ein Kriterium hierfür ist das Überschreiten der 200-Euro-Grenze. Ein weiteres Kriterium für die Bejahung des Erwerbszwecks ist, dass die Zahlungen an die Sportlerinnen und Sportler auch einen angemessenen Gegenwert für den zeitlichen Einsatz darstellen, um damit wesentlich zur Sicherung des Lebensunterhaltes beitragen zu können Dieses Kriterium ist erfüllt, wenn bei einer Betrachtung allein des Zeitaufwands für den Kernbereich der sportlichen Betätigung (Training und Wettkampf) pro Stunde der derzeit in

Deutschland als angemessen angenommene Entgeltbetrag von 8,50 Euro brutto erreicht wird.

7. MiLoG und Sanktionen

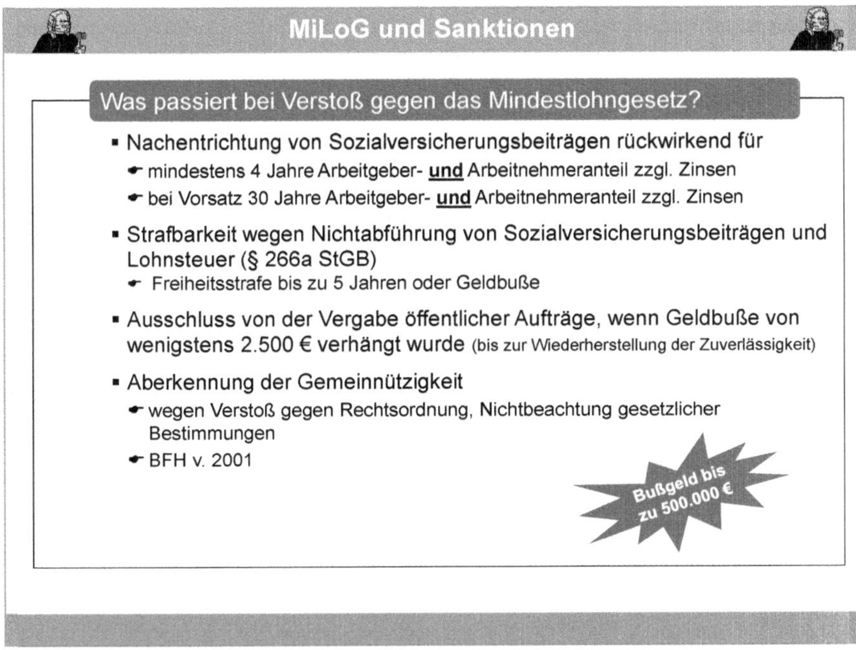

Rücklagen — das Finanzpolster des Vereins

Formen der Rücklagen

Soweit Mittel nicht schon im Jahr des Zuflusses für die steuerbegünstigten Zwecke verwendet werden oder zulässigerweise dem Vermögen (Rücklagen) zugeführt werden, muss ihre zeitnahe Verwendung durch eine Nebenrechnung (Mittelverwendungsrechnung) nachgewiesen werden.

Achtung !

Von der zeitnahen Mittelverwendung für steuerbegünstigte Zwecke sind bestimmte Rücklagen ausgenommen.

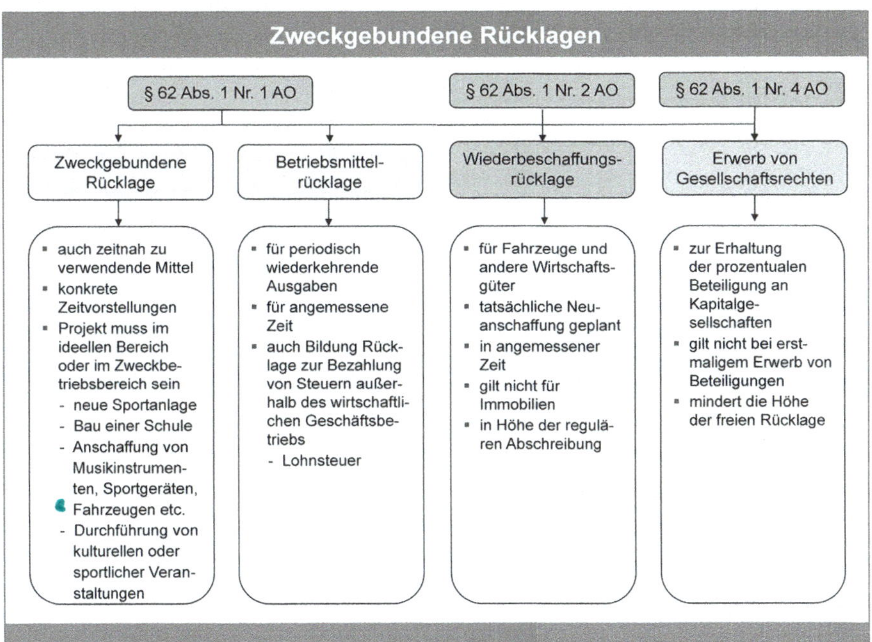

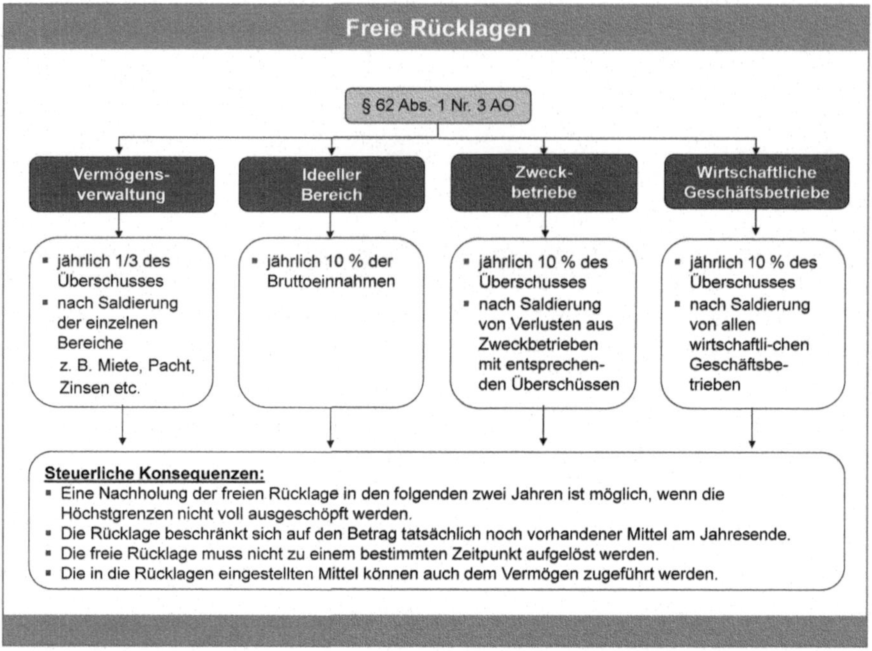

§ 62 AO Rücklagen und Vermögensbildung

»(1) Körperschaften können ihre Mittel ganz oder teilweise

1. einer Rücklage zuführen, soweit dies erforderlich ist, um ihre steuerbegünstigten, satzungsmäßigen Zwecke nachhaltig zu erfüllen;
2. einer Rücklage für die beabsichtigte Wiederbeschaffung von Wirtschaftsgütern zuführen, die zur Verwirklichung der steuerbegünstigten, satzungsmäßigen Zwecke erforderlich sind (Rücklage für Wiederbeschaffung). Die Höhe der Zuführung bemisst sich nach der Höhe der regulären Absetzungen für Abnutzung eines zu ersetzenden Wirtschaftsguts. Die Voraussetzungen für eine höhere Zuführung sind nachzuweisen;
3. der freien Rücklage zuführen, jedoch höchstens ein Drittel des Überschusses aus der Vermögensverwaltung und darüber hinaus höchstens 10 Prozent der sonstigen nach § 55 Abs. 1 Nr. 5 zeitnah zu verwendenden Mittel. Ist der Höchstbetrag für die Bildung der freien Rücklage in einem Jahr nicht ausgeschöpft, kann diese unterbliebene Zuführung in den folgenden zwei Jahren nachgeholt werden;

4. einer Rücklage zum Erwerb von Gesellschaftsrechten zur Erhaltung der prozentualen Beteiligung an Kapitalgesellschaften zuführen, wobei die Höhe dieser Rücklage die Höhe der Rücklage nach Nummer 3 mindert.

(2) Die Bildung von Rücklagen nach Abs. 1 hat innerhalb der Frist des § 55 Abs. 1 Nr. 5 Satz 3 zu erfolgen. Rücklagen nach Abs. 1 Nr. 1, 2 und 4 sind unverzüglich aufzulösen, sobald der Grund für die Rücklagenbildung entfallen ist. Die freigewordenen Mittel sind innerhalb der Frist nach § 55 Abs. 1 Nr. 5 Satz 3 zu verwenden.

(3) Die folgenden Mittelzuführungen unterliegen nicht der zeitnahen Mittelverwendung nach § 55 Abs. 1 Nr. 5:

1. Zuwendungen von Todes wegen, wenn der Erblasser keine Verwendung für den laufenden Aufwand der Körperschaft vorgeschrieben hat;
2. Zuwendungen, bei denen der Zuwendende ausdrücklich erklärt, dass diese zur Ausstattung der Körperschaft mit Vermögen oder zur Erhöhung des Vermögens bestimmt sind;
3. Zuwendungen auf Grund eines Spendenaufrufs der Körperschaft, wenn aus dem Spendenaufruf ersichtlich ist, dass Beträge zur Aufstockung des Vermögens erbeten werden;
4. Sachzuwendungen, die ihrer Natur nach zum Vermögen gehören.

(4) Eine Stiftung kann im Jahr ihrer Errichtung und in den drei folgenden Kalenderjahren Überschüsse aus der Vermögensverwaltung und die Gewinne aus wirtschaftlichen Geschäftsbetrieben nach § 14 ganz oder teilweise ihrem Vermögen zuführen.«

Wichtig !

Die Rücklagen müssen nachgewiesen werden, d. h. entweder sind diese in der Steuererklärung GEM1, im Jahresabschluss oder in einer Nebenrechnung darzustellen. Wichtig wird dabei auch sein, dass die Rücklagen durch den Beschluss der dafür zuständigen Organe getroffen wurden.

Rücklagen vermindern nicht ein steuerpflichtiges Ergebnis.

Alle Rücklagen (zweckgebundene Rücklage, Betriebsmittelrücklage, freie Rücklage, Kapitalbeteiligungsrücklage und Rücklage im wirtschaftlichen Geschäftsbetrieb) müssen vom steuerbegünstigten Verein in einer solch klaren Form gesondert ausgewiesen werden, dass eine Kontrolle jederzeit und ohne besonderen Aufwand möglich ist. Der Nachweis der Rücklagen kann entweder in der Steuererklärung, im Rahmen der Rechnungslegung in einer Vermögensübersicht oder aber einer Nebenrechnung erfolgen.

Um die steuerbegünstigten satzungsmäßigen Zwecke nachhaltig zu erfüllen, ist es einem gemeinnützigen Verein gestattet, eine Rücklage zu bilden. Auf die Herkunft der Mittel kommt es dabei nicht an, sodass auch Spenden in die Rücklage eingestellt werden können.

Voraussetzung ist aber, dass ein bestimmter Grund und ein konkreter Zeitpunkt der Verwirklichung genannt werden. Ohne genaue Zeitvorstellung kann diese sog. Zweckerfüllungs- oder Projektrücklage zulässig sein, wenn die Durchführung des Vorhabens in einem angemessenen Zeitraum (ca. drei bis fünf Jahre) möglich ist.

! **Tipp**

Für periodisch wiederkehrende Ausgaben, wie z. B. Löhne, Gehälter, Mieten etc., kann eine sog. Betriebsmittelrücklage (Aufwendungen zwischen sechs bis zwölf Monaten) gebildet werden.

Einer freien Rücklage kann jährlich höchstens ein Drittel des Überschusses aus der Vermögensverwaltung (Zins-, Miet- und Pachteinnahmen abzüglich unmittelbarer Ausgaben) zugeführt werden. Zusätzlich können nochmals höchstens 10 % der sonstigen (ohne Vermögensverwaltung) zeitnah zu verwendenden Mittel in eine freie Rücklage eingestellt werden. Bemessungsgrundlage ist das Ergebnis aus den Einnahmen des ideellen Bereichs und den Überschüssen aus den steuerbegünstigten Zweckbetrieben und den steuerpflichtigen wirtschaftlichen Geschäftsbetrieben. Verluste aus Zweckbetrieben und wirtschaftlichen Geschäftsbetrieben mindern die Bemessungsgrundlage nicht.

Beispiel: Freie Rücklage !

Ein gemeinnütziger Verein erzielt im Kalenderjahr folgende Überschüsse aus den einzelnen Bereichen:

ideeller Bereich (Einnahmen 50.000 EUR)	20.000 EUR
Vermögensverwaltung	3.000 EUR
steuerbegünstigter Zweckbetrieb	– 15.000 EUR
steuerpflichtiger wirtschaftlicher Geschäftsbetrieb	2.000 EUR
Gesamtüberschuss	**10.000 EUR**

Der Verein kann folgende freie Rücklage bilden:

Vermögensverwaltung 1/3 von 3.000 EUR		1.000 EUR
+ zusätzliche freie Rücklage		
ideeller Bereich	50.000 EUR	
Vermögensverwaltung	0 EUR	
steuerbegünstigter Zweckbetrieb	0 EUR	
steuerpflichtiger wirtschaftlicher Geschäftsbetrieb	2.000 EUR	
positiver Überschuss	**52.000 EUR**	
davon Rücklage 10 %		5.200 EUR
Summe freie Rücklage		**6.200 EUR**

Der Verein muss demzufolge seine verbleibenden Mittel von 3.800 Euro (10.000 Euro – 6.200 Euro) nach § 55 Abs. 1 Nr. 5 Satz 3 AO im laufenden, spätestens aber in den darauffolgenden zwei Jahren für seine steuerbegünstigten satzungsmäßigen Zwecke verwenden.

Ausnahme: Der Betrag von 3.800 Euro wird ganz oder teilweise in eine zulässige zweckgebundene Projektrücklage nach § 62 Abs. 1 Nr. 1 AO eingestellt.

Die freie Rücklage erfordert keinen bestimmten Grund und muss auch nicht zu einem konkreten Zeitpunkt verbraucht bzw. aufgelöst werden.

Außerhalb dieser Regelungen dürfen im Bereich der Vermögensverwaltung Rücklagen nur für die Durchführung konkreter Reparatur- und Erhaltungsmaßnahmen an Vermögensgegenständen i. S. von § 21 EStG gebildet werden. Die Maßnahmen, für deren Durchführung die Rücklage gebildet wird, müssen notwendig sein, um den ordnungsgemäßen Zustand des Vermögensgegenstands,

z. B. eines Vereinsheims, zu erhalten oder wiederherzustellen. Sie müssen zudem in einem angemessenen Zeitraum durchgeführt werden können.

Zur Erhaltung der prozentualen Beteiligung an Kapitalgesellschaften können ebenfalls Mittel angesammelt, d. h. in eine Rücklage eingestellt werden. Dies gilt aber nicht für den erstmaligen Erwerb eines Anteils an einer Kapitalgesellschaft.

Der Einsatz von Mitteln zum Erwerb oder zur Erhaltung der Beteiligungsquote an einer Personengesellschaft stellt grundsätzlich eine schädliche Mittelverwendung dar. Eine Rücklage kann demzufolge nicht gebildet werden. Die Anteilsfinanzierung muss über eine Finanzierung aus steuerpflichtigen wirtschaftlichen Aktivitäten getragen werden.

Bei vernünftiger und begründeter wirtschaftlicher Betrachtung kann eine Rücklage im wirtschaftlichen Geschäftsbetrieb gebildet werden. Hierfür muss ein konkreter Anlass gegeben sein, der auch aus objektiver unternehmerischer Sicht die Bildung einer solchen Rücklage rechtfertigt.

! **Tipp**

Der Rücklage können allerdings erst Gewinne aus einem steuerpflichtigen wirtschaftlichen Geschäftsbetrieb nach deren Versteuerung zugeführt werden.

Umsatzsteuer — die wichtigste Steuerart auch für Vereine

Überblick

Umsatzsteuer ist — neben der Lohnsteuer — die beim Verein wohl am häufigsten vorkommende Steuerart. Die Umsatzsteuer ist die Steuer, mit der der Verein tagtäglich konfrontiert wird, sei es, dass er

- Lieferungen (z. B. Sportkleidung, Lebensmittel, Getränke etc.),
- sonstige Leistungen (An- bzw. Vermietung von Sportanlagen, Werbemaßnahmen etc.)

erhält oder selbst solche tätigt.

Lieferung bedeutet, dass der Verein den Abnehmer befähigt, über einen Gegenstand zu verfügen.

Sonstige Leistungen sind Leistungen, die keine Lieferungen sind. Sie können auch in einem Unterlassen oder im Dulden einer Handlung oder eines Zustands bestehen (z. B. Trikotwerbung = der Verein duldet, dass die Spieler mit Werbung auf dem Trikot auftreten).

Als sonstige Leistungen kommen insbesondere in Betracht: Dienstleistungen, Gebrauchs- und Nutzungsüberlassungen wie z. B. Vermietung, Verpachtung, Einräumung, Wahrnehmung von Rechten, Reiseleistungen.

Die Umsatzsteuer wird über den Kaufpreis wirtschaftlich vom Umsatzempfänger getragen. Der Umsatzempfänger ist Steuerträger, Steuerschuldner ist allerdings der Verein.

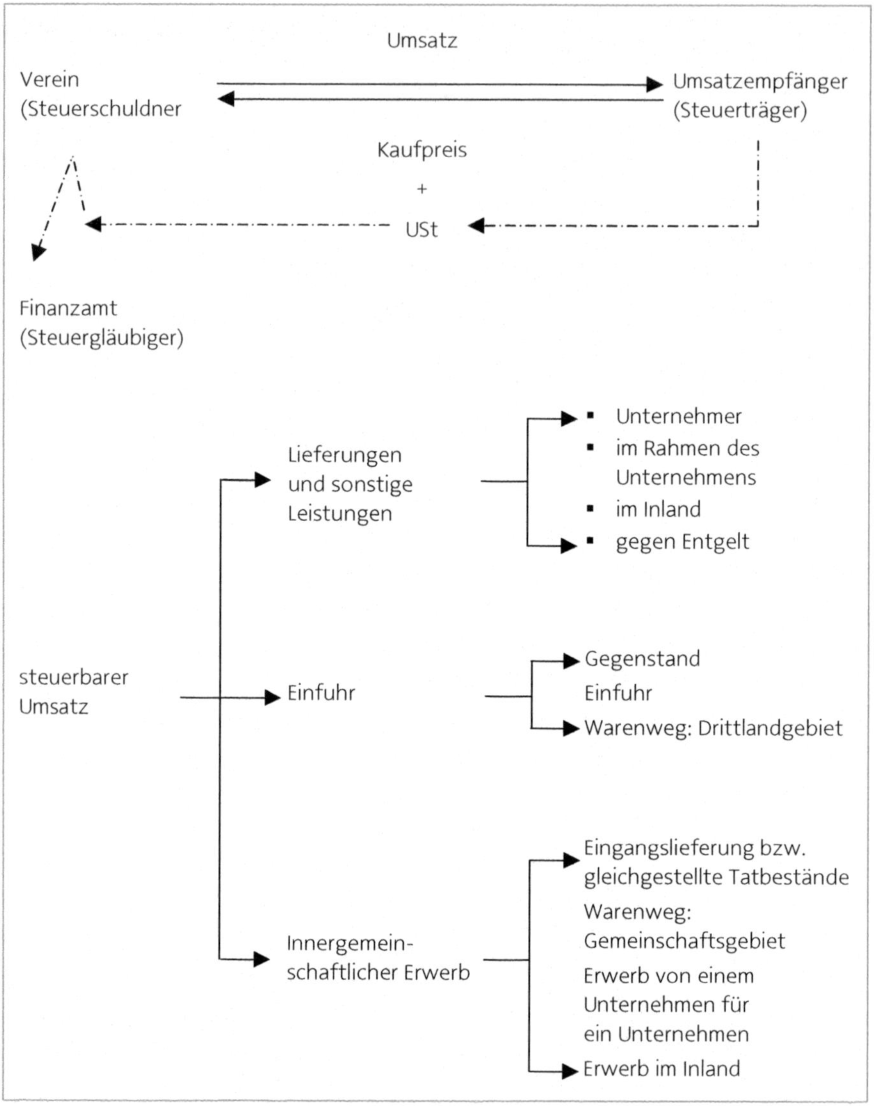

Bei der Frage nach der sachlichen Steuerpflicht werden im Umsatzsteuergesetz verschiedene steuerbare Umsätze genannt. Die wichtigste Umsatzart sind Lieferungen und sonstige Leistungen.

Tipp

Der Umsatzsteuer unterliegen die Lieferungen und sonstigen Leistungen, die ein Verein im Inland gegen Entgelt im Rahmen seines Unternehmens ausführt.

!

Lieferungen liegen vor, wenn der Verein einem Abnehmer die Möglichkeit verschafft, über einen Gegenstand frei zu verfügen. Sonstige Leistungen sind solche Leistungen, die keine Lieferungen sind.

Wann ist ein Verein Unternehmer?

Unternehmer ist der Verein, der eine gewerbliche Tätigkeit selbstständig ausübt. Das Unternehmen umfasst die gesamte gewerbliche Tätigkeit des Vereins. Gewerblich ist jede nachhaltige Tätigkeit zur Erzielung von Einnahmen, auch wenn die Absicht, Gewinn zu erzielen, fehlt, oder ein Verein nur gegenüber seinen Mitgliedern tätig wird.

Übersicht Umsatzsteuer

Außerunternehmerischer Bereich	Unternehmerischer Bereich		
Ideeller Bereich	Vermögens-verwaltung	Steuerbegünstigter Zweckbetrieb	Steuerpfl. Wirtschaftlicher Geschäftsbetrieb
• Mitgliedsbeiträge • Zuschüsse • Spenden • Aufnahmegebühren • Bausteinspenden • Arbeitsstunden • Schenkungen • Erbschaften	• Mieteinnahmen 0 % • Pachteinnahmen 7 % - Gaststätte - Werberechte • Umlagen • Hl-Vergütung 19 % • Zinsen 0 % • Dividenden 0 %	• Eintrittsgelder 7 % • Startgelder 0 % • Kursgebühren 0 % • Ablösesummen 7 % • Überlassung Sportanlagen an Mitglieder 7 % • Tombola 7 % • Zeitschriften 7 % • Sportreisen § 25 UStG	• Werbeeinnahmen - unentgeltl. Trikotw. • Speisen/Getränke • Verkauf Sportartikel • Altmaterialsammlung • Überlassung Sportanl. an Nichtmitglieder • Zeitschriften 7 % • Tourismusreisen § 25 UStG
0 % USt	0 % oder 7 %USt	0 % oder 7 % USt	7 % oder 19 % USt
kein Vorsteuerabzug	Vorsteuerabzug möglich wenn USt bezahlt wird	Vorsteuerabzug möglich wenn USt bezahlt wird	Vorsteuerabzug möglich wenn USt bezahlt wird

keine Umsatzsteuer, wenn Kleinunternehmer = bis zu 17.500 € Jahresumsatz

Wie jeder Steuerpflichtige hat auch der Verein eine unternehmerische und eine außerunternehmerische Sphäre.

Welchem Verein eine Leistung als Unternehmer zuzurechnen ist, richtet sich danach, wer nach außen dem Leistungsempfänger gegenüber als Schuldner der Leistung auftritt. Bei Sportveranstaltungen auf eigenem Sportplatz (Pokalspiele, Turniere etc.) ist der Platzverein als Unternehmer anzusehen. Der Platzverein muss die gesamten Einnahmen versteuern. Der Gastverein hat die ihm aus diesen Veranstaltungen zufließenden Beträge nicht zu versteuern. Bei Sportveranstaltungen auf fremden Platz hat der mit der Durchführung der Veranstaltung und insbesondere mit der Erledigung der Kassengeschäfte und der Abrechnung beauftragte Verein als Unternehmer die gesamten Einnahmen der Umsatzsteuer zu unterwerfen, während der andere Verein die ihm zufließenden Beträge nicht zu versteuern hat.

Veranstalten mehrere Vereine zusammen ein gemeinsames Fest, dann ist insoweit nicht jeder Verein, sondern die Gemeinschaft als Unternehmer tätig. Ihr sind die Umsätze zuzurechnen.

Die für Umsätze geschuldete Umsatzsteuer wird nicht erhoben, wenn die Einnahmen zuzüglich der darauf entfallenden Steuer im vorangegangenen Kalenderjahr 17.500 Euro nicht überstiegen haben und im laufenden Kalenderjahr 50.000 Euro voraussichtlich nicht übersteigen werden (Kleinunternehmerregelung).

Ermittlung des Gesamtumsatzes

	Steuerbare Lieferungen und sonstige Leistungen
	aus Vermögensverwaltung
	aus steuerbegünstigten Zweckbetrieben
	aus steuerpflichtigen wirtschaftlichen Geschäftsbetrieben
+	Steuerbarer Eigenverbrauch
+	Steuerbare Gesellschaftsleistungen
	Summe der steuerbaren Umsätze
–	Steuerfreie Umsätze
	Gesamtumsatz des Kleinunternehmers

Bei der Grenze von 50.000 Euro kommt es darauf an, ob der Verein diese Bemessungsgröße voraussichtlich nicht überschreiten wird. Maßgebend sind die Verhältnisse zu Beginn des laufenden Kalenderjahres. Der Verein hat dem Finanzamt auf Verlangen die Verhältnisse darzulegen, aus denen sich ergibt, wie hoch der Umsatz des laufenden Kalenderjahres voraussichtlich sein wird.

Der Verein kann dem Finanzamt bis zur Unanfechtbarkeit der Steuerfestsetzung erklären, dass er auf die Anwendung der Kleinunternehmerregelung verzichtet. Nach Eintritt der Unanfechtbarkeit der Steuerfestsetzung bindet die Erklärung den Verein mindestens für fünf Kalenderjahre. Sie kann nur mit Wirkung vom Beginn eines Kalenderjahres an widerrufen werden.

Beispiel: Kleinunternehmerregelung !

Ein Verein erzielt im laufenden Jahr folgende Einnahmen:

Eintrittsgelder aus sportlichen Veranstaltungen	5.000 EUR
Verkauf Speisen und Getränke bei Festveranstaltungen	20.000 EUR
Gesamtumsatz	25.000 EUR
steuerpflichtiger Gesamtumsatz im Vorjahr	15.000 EUR

Eine Umsatzsteuerpflicht liegt nicht vor, da der Vorjahresumsatz nicht mehr als 17.500 Euro betrug (Kleinunternehmerregelung).

Der Verzicht auf die Nullbesteuerung ist sinnvoll, wenn der Verein hohe Vorsteuerbeträge abziehen kann. Die Vorsteuerbeträge sind insbesondere in Fällen von Neubauten, Umbauten, Ausbauten und sonstigen größeren Anschaffungen oft höher als die geschuldete Umsatzsteuer aus den Umsätzen für die Dauer von zehn Jahren.

Prüfung umsatzsteuerlicher Sachverhalte

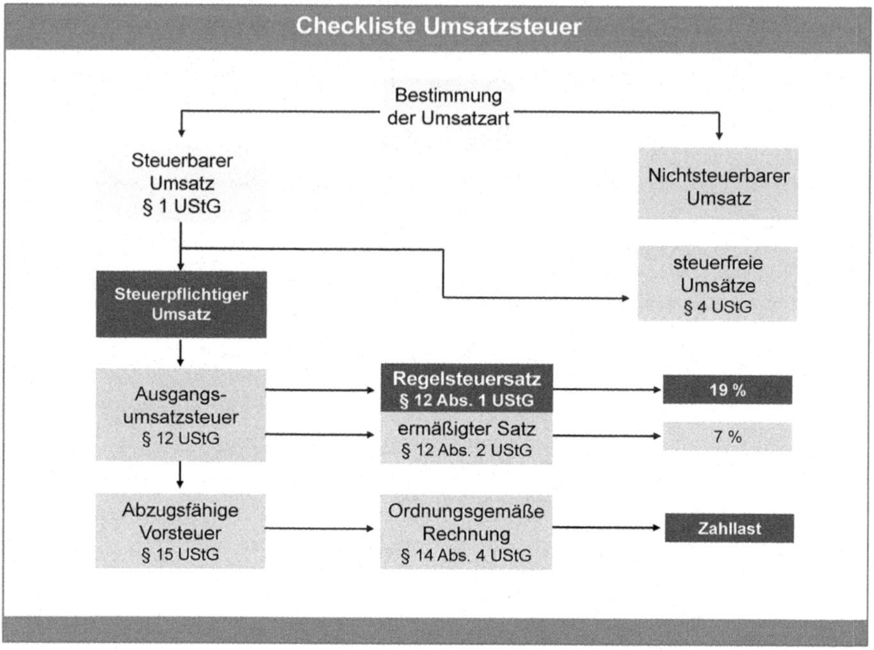

Nach diesem Schema lässt sich schrittweise die Steuerbarkeit, die Steuerpflicht und der jeweils zutreffende Steuersatz der zu untersuchenden Einnahme ermitteln.

Inwieweit steuerbare Umsätze steuerpflichtig sind oder steuerfrei bleiben, richtet sich nach den Bestimmungen des Umsatzsteuergesetzes.

Die wesentlichen Befreiungstatbestände für Vereine sind nach § 4 UStG:

- Ausfuhrlieferungen,
- Gewährung, Vermittlung und Verwaltung von Krediten,
- Umsätze, die unter das Grunderwerbsteuergesetz fallen,
- Umsätze, die unter das Rennwett- und Lotteriegesetz fallen,
- Vermietung und Verpachtung von Grundstücken und Gebäuden.

Nicht befreit ist
- die Vermietung von Wohn- und Schlafräumen, die ein Unternehmer zur kurzfristigen Beherbergung von Fremden bereithält;
- die kurzfristige Vermietung von Plätzen für das Abstellen von Fahrzeugen;
- die kurzfristige Vermietung auf Campingplätzen und
- die Vermietung von Maschinen und sonstigen Vorrichtungen aller Art, die zu einer Betriebsanlage gehören (Betriebsvorrichtungen), auch wenn sie wesentliche Bestandteile eines Grundstücks sind.

Steuerfrei sind dagegen
- Vorträge, Kurse von gemeinnützigen Vereinen;
- andere kulturelle und sportliche Veranstaltungen (Teilnehmergebühren);
- die Gewährung von Beherbergung, Beköstigung und der üblichen Naturalleistungen durch Personen und Einrichtungen, wenn sie überwiegend Jugendliche (bis 27 Jahre) für Erziehungs-, Ausbildungs- oder Fortbildungszwecke bei sich aufnehmen.
- die Durchführung von Lehrgängen, Freizeiten, Zeltlagern, Fahrten und Treffen sowie von Veranstaltungen, die dem Sport oder der Erholung dienen, soweit die Leistungen Jugendlichen unmittelbar zugutekommen.

Nach einem BFH-Urteil vom 31.05.2001 ist die Vermietung von Sportanlagen in vollem Umfang steuerpflichtig. Es wird lediglich der Höhe des Umsatzsteuersatzes nach weiterhin zwischen der Vermietung an Mitglieder und an Nichtmitglieder unterschieden.

Bestimmte steuerfreie Umsätze kann der Verein als steuerpflichtig behandeln, wenn der Umsatz an einen anderen Unternehmer für dessen Unternehmen ausgeführt wird (§ 9 UStG). Die Option kann bereits durch den gesonderten Ausweis von Umsatzsteuer in einer Rechnung erfolgen. Eine Mitteilungspflicht gegenüber dem Finanzamt besteht nicht. Für nicht steuerbare Umsätze ist allerdings eine freiwillige Versteuerung nicht zulässig.

Der Regelsteuersatz beträgt für jeden steuerpflichtigen Umsatz 19 % USt.

Für die Lieferung, den Eigenverbrauch und die Vermietung bestimmter Gegenstände ist der ermäßigte Steuersatz von 7 % USt anzuwenden. Hierzu zählen z. B. bestimmte Lebensmittel und Getränke, Bücher, Zeitschriften etc. Die Lieferung von Speisen und Getränken zum Verzehr an Ort und Stelle unterliegt aber immer dem vollen Steuersatz von 19 % USt. Soweit gemeinnützige Vereine Einnahmen aus Vermögensverwaltung und Zweckbetrieben erzielen, unterliegen diese Umsätze dem ermäßigten Steuersatz mit 7 % USt.

Führt ein Verein steuerpflichtige Lieferungen oder sonstige Leistungen aus, so ist er berechtigt und, soweit er die Umsätze an einen anderen Unternehmer für dessen Unternehmen ausführt, auf Verlangen des anderen verpflichtet, Rechnungen auszustellen, in denen die Steuer gesondert ausgewiesen ist. Diese Rechnungen müssen folgende Angaben enthalten:

1. den genauen Namen und die vollständige Anschrift des leistenden Unternehmers,
2. die dem leistenden Unternehmer erteilte Steuernummer oder USt-ID-Nummer,
3. den genauen Namen und die vollständige Anschrift des Leistungsempfängers,
4. das Ausstellungsdatum,
5. eine fortlaufende Rechnungsnummer,
6. die Menge und die handelsübliche Bezeichnung des Gegenstands der Lieferung oder die Art und den Umfang der sonstigen Leistung,
7. den Zeitpunkt der Lieferung oder der sonstigen Leistung,
8. das nach Steuersätzen und einzelnen Steuerbefreiungen aufgeschlüsselte Entgelt,
9. den anzuwendenden Steuersatz sowie den Steuerbetrag.

Rechnungen, deren Gesamtbetrag 250 Euro nicht übersteigen, müssen mindestens folgende Angaben enthalten:

1. den Namen und die Anschrift des leistenden Unternehmens,
2. die Menge und die handelsübliche Bezeichnung des Gegenstands der Lieferung oder die Art und den Umfang der sonstigen Leistung,
3. das Bruttoentgelt,
4. den Steuersatz.

Vorsteuerabzug

Vorsteuerabzug heißt, der Verein kann die für den unternehmerischen Teil (Vermögensverwaltung, Zweckbetrieb und wirtschaftlicher Geschäftsbetrieb) von anderen Unternehmern gesondert in Rechnung gestellte Umsatzsteuer vom Finanzamt vergütet bekommen, soweit die Einnahmen nach § 4 UStG nicht steuerfrei sind. Die Vergütung erfolgt dadurch, dass der Verein die an den Vorunternehmer gezahlte Umsatzsteuer (Vorsteuer) von seiner ihm entstandenen Umsatzsteuer (Ausgangs-Umsatzsteuer) abzieht und nur den Differenzbetrag an das Finanzamt bezahlt oder von diesem erhält.

Das Besteuerungsverfahren für Vereine wird durch das Vereinsförderungsgesetz dadurch vereinfacht, dass die Möglichkeit einer Pauschalierung der Vorsteuer gegeben ist. Die Umsatzsteuer ist dann wie folgt zu ermitteln:

Ausgangsumsatz × Steuersatz (7 % USt bzw. 19 % USt)

– Vorsteuerpauschale (7 % USt des steuerpflichtigen Umsatzes)

= Umsatzsteuerschuld

Beispiel: Umsatzsteuer-Zahllast !

Ein Verein hat folgende Umsätze:

steuerfreie Verpachtungsumsätze	7.200 EUR
steuerpflichtige Umsätze (netto) aus einem Zweckbetrieb mit einem Steuersatz von 7 %	4.000 EUR
steuerpflichtige Umsätze (netto) aus einem wirtschaftlichen Geschäftsbetrieb mit einem Steuersatz von 19 %	9.000 EUR

Entscheidet sich der Verein zur Anwendung des Durchschnittssatzes, beträgt die abzugsfähige Vorsteuer 7 % aus 13.000 Euro (= Summe der steuerpflichtigen Umsätze ohne den innergemeinschaftlichen Erwerb), mithin 910 Euro. Die Umsatzsteuer-Zahllast ermittelt sich wie folgt:

	USt auf 7%ige Umsätze	280 EUR
+	USt auf 19%ige Umsätze	1.710 EUR
=	Gesamtumsatzsteuer	1.990 EUR
–	abzugsfähige Vorsteuerbeträge	910 EUR
=	Zahllast	1.080 EUR

Der Durchschnittssatz gilt nur für Vereine, die mittels einer Einnahme-Überschuss-Rechnung den Gewinn ermitteln. Der steuerpflichtige Umsatz darf im vorangegangenen Jahr 35.000 Euro nicht überschritten haben. Der Verein muss sich darüber hinaus bis zum zehnten Tag nach Ablauf des ersten Voranmeldungszeitraums entscheiden und bindet sich für fünf Jahre.

Zum Vorsteuerabzug sind ausschließlich Vereine im Rahmen ihrer unternehmerischen Tätigkeit berechtigt. Abziehbar sind hierbei auch Vorsteuerbeträge, die vor der Ausführung von Umsätzen oder die nach Aufgabe des Unternehmens anfallen, sofern sie der unternehmerischen Tätigkeit zuzurechnen sind.

Kleinunternehmer sind nicht zum Vorsteuerabzug berechtigt, wenn sie der Sonderregelung des § 19 UStG unterliegen.

Der Vorsteuerabzug setzt grundsätzlich eine auf den Namen des umsatzsteuerlichen Leistungsempfängers (also den Verein, die Spielgemeinschaft, die Festgemeinschaft) lautende Rechnung mit gesondert ausgewiesener Steuer voraus. Eine andere Rechnungsadresse ist nicht zu beanstanden, wenn aus dem übrigen Inhalt der Rechnung oder aus anderen Unterlagen, auf die in der Rechnung hingewiesen wird, Name und Anschrift des umsatzsteuerlichen Leistungsempfängers eindeutig hervorgehen, z. B. bei Rechnungsausstellung auf den Namen eines Mitglieds für Leistungen an den Verein.

! **Achtung**

Wer keine Mehrwertsteuer an das Finanzamt bezahlt, kann auch keine Vorsteuer abziehen!

Die Vorsteuer kann aus dem Rechnungsbetrag wie folgt herausgerechnet werden:

Steuersatz	=	19 % USt	=	19/119	=	× 0,1596
Steuersatz	=	7 % USt	=	7/107	=	× 0,0654

Die Voraussetzungen für den Vorsteuerabzug hat der Verein aufzuzeichnen und durch Belege nachzuweisen.

Verwendet der Verein einen für sein Unternehmen gelieferten oder eingeführten Gegenstand oder eine von ihm in Anspruch genommene sonstige Leistung nur zum Teil zur Ausführung von Umsätzen, die den Vorsteuerabzug ausschließen, so ist der Teil der jeweiligen Vorsteuerbeträge nicht abziehbar, der den zum Ausschluss vom Vorsteuerabzug führenden Umsätzen wirtschaftlich zuzurechnen ist. Der Verein kann die nicht abziehbaren Teilbeträge im Wege einer sachgerechten Schätzung ermitteln. Eine Aufteilung der Vorsteuerbeträge bezweckt eine genaue Zuordnung der Vorsteuerbeträge zu den Umsätzen, denen sie wirtschaftlich zuzurechnen sind.

Folgende drei Gruppen von Vorsteuerbeträgen sind zu unterscheiden:

1. Vorsteuerbeträge, die in voller Höhe abziehbar sind, weil sie ausschließlich Umsätzen zuzurechnen sind, die zum Vorsteuerabzug berechtigen.
2. Vorsteuerbeträge, die in voller Höhe vom Abzug ausgeschlossen sind, weil sie ausschließlich Umsätzen zuzurechnen sind, die nicht zum Vorsteuerabzug berechtigen.
3. Übrige Vorsteuerbeträge. In diese Gruppe fallen alle Vorsteuerbeträge, die sowohl mit Umsätzen, die zum Vorsteuerabzug berechtigen, als auch mit Umsätzen, die den Vorsteuerabzug ausschließen, in wirtschaftlichem Zusammenhang stehen.

Für eine Aufteilung (Prinzip der wirtschaftlichen Zuordnung) kommen nur die in Nummer 3 bezeichneten Vorsteuerbeträge in Betracht.

! **Beispiel: Vorsteuerbeträge beim Bau eines Vereinsheims**

Ein Sportverein errichtet ein Vereinsheim mit Vereinsgaststätte, Kegelbahnen, Pächterwohnung sowie Vereinszimmer, Umkleideräumen und Duschen. Die Baukosten betragen insgesamt 1.190.000 Euro (es sind 19 % Umsatzsteuer enthalten).

Die Vereinsgaststätte und Kegelbahnen sowie die Pächterwohnung werden an einen selbstständigen Gastwirt vermietet.

Das Vereinszimmer, die Umkleideräume und die Duschen werden voraussichtlich zu 80 % für den allgemeinen Sportbetrieb des Vereins (keine Einnahmen) und zu 20 % von der 1. Fußballmannschaft (Einnahmen aus Eintrittsgeldern 5.000 Euro jährlich) genutzt.

Nach den Berechnungen des Architekten entfallen vom umbauten Raum des Vereinsheims 50 % auf den Wirtschaftsteil (einschließlich Kegelbahn und Vorratsräume), 20 % auf die Pächterwohnung und 30 % auf Vereinszimmer, Umkleideräume und Duschen.

Welche Vorsteuerbeträge kann der Verein aus den Baukosten erstattet bekommen und als Investitionshilfe verwenden?

	Wirtschaftsteil	Pächterwohnung	Vereinszimmer Umkleideräume Duschen
Anteil der Baukosten nach umbautem Raum	50 %	20 %	30 %
Anteil an der Vorsteuer von 190.000 EUR	95.000	38.000	57.000
Wirtschaftsteil: abzugsfähige Vorsteuer 100 % (Verzicht auf Steuerbefreiung für Pachtentgelte vorausgesetzt)	95.000		
Pächterwohnung: kein Vorsteuerabzug (Verzicht auf Steuerbefreiung der Mieteinnahmen nicht möglich)		0	
Vereinszimmer, Umkleideräume, Duschen: Vorsteuerabzug, soweit Nutzung durch 1. Fußballmannschaft 20 % v. 57.000 EUR			11.400
Abzugsfähige Vorsteuer	**95.000**	**0**	**11.400**

Ändern sich bei einem Wirtschaftsgut die Verhältnisse, die im Kalenderjahr der erstmaligen Verwendung für den Vorsteuerabzug maßgebend waren, innerhalb von fünf Jahren (bei Grundstücken = zehn Jahre) seit dem Beginn der Verwendung, so ist für jedes Kalenderjahr der Änderung ein Ausgleich durch eine Berichtigung des Abzugs der auf die Anschaffungs- oder Herstellungskosten entfallenden Vorsteuerbeträge vorzunehmen.

Beispiel: Vorsteuerbeträge bei unterschiedlicher Gebäudenutzung !

Ein neu errichtetes Gebäude, auf das eine Vorsteuer von 50.000 Euro entfällt, wird im Jahr 01 erstmalig verwendet. Das Gebäude wurde wie folgt verwendet: im Jahr 01: nur zur Ausführung steuerpflichtiger Umsätze; im Jahr 02: je zur Hälfte zur Ausführung steuerpflichtiger und steuerfreier Umsätze; im Jahr 03: nur zur Ausführung von steuerfreien Umsätzen.

Lösung:

Im **Jahr 01** kann der Verein die Vorsteuer von 50.000 Euro voll abziehen, da das Gebäude ausschließlich für steuerpflichtige Umsätze verwendet wird.

Im **Jahr 02** nutzt der Verein das Gebäude zu 50 % für steuerfreie Umsätze. Die Vorsteuer aus dem Jahr 02 ist zu berichtigen und anteilig an das Finanzamt zurückzuzahlen. 1/10 v. 50.000 Euro = 5.000 Euro, davon 50 % = 2.500 Euro.

Im **Jahr 03** nutzt der Verein das Gebäude voll für steuerfreie Umsätze. Der Verein muss an das Finanzamt zurückzahlen: 1/10 v. 50.000 Euro = 5.000 Euro.

Umsatzsteuerpflicht von Mitgliederbeiträgen

Soweit ein Verein zur Erfüllung seiner den Gesamtbelangen sämtlicher Mitglieder dienenden satzungsgemäßen Gemeinschaftszwecke tätig wird und dafür echte Mitgliederbeiträge erhebt, die dazu bestimmt sind, ihm die Erfüllung dieser Aufgaben zu ermöglichen, fehlt es an einem Leistungsaustausch mit dem einzelnen Mitglied.

Voraussetzung für die Annahme echter Mitgliederbeiträge ist, dass die Beiträge gleich hoch sind oder nach einem für alle Mitglieder verbindlichen Bemessungsmaßstab gleichmäßig errechnet werden. Die Gleichheit ist auch dann gewahrt, wenn die Beiträge nach einer für alle Mitglieder einheitlichen Staffel erhoben werden oder die Höhe der Beiträge nach persönlichen Merkmalen der Mitglieder, z. B. Lebensalter, Stand, Vermögen, Einkommen, Umsatz, abgestuft wird.

Entgegen dieser Darstellung in Abschnitt 1.4 UStAE stellen lt. Vereinsrechtsprechung des BFH und des EuGH die Mitgliederbeiträge grundsätzlich ein Entgelt für Leistungen des Vereins an seine Mitglieder dar. Nach der sich verfestigten höchstrichterlichen Rechtsprechung liegt zwischen einer Vereinigung und ihren Mitgliedern dann ein Leistungsaustausch vor, wenn die Vereinigung

- zur Erfüllung ihres Gemeinschaftszwecks
- Leistungen erbringt, die von den einzelnen Mitgliedern individuell in Anspruch genommen werden können und dafür
- Mitgliederbeiträge erhebt.

Die Mitgliederbeiträge sind umsatzsteuerbar. Laut BFH gilt dies auch dann, wenn die Mitglieder die Einrichtungen nicht oder nicht regelmäßig nutzen.

Neben den erhobenen Mitgliederbeiträgen rechnen hierzu auch die Aufnahmegebühren und andere vom Verein erhobene Sonderentgelte. Nicht zum Leistungsaustausch rechnen die Spenden und die Zuschüsse. Laut Verwaltungsmeinung kann sich ein Verein auf diese Rechtsprechung berufen, wenn dies für ihn günstiger ist. Und günstiger wird es immer dann sein, wenn aus den Ausgaben im ideellen Bereich ein Vorsteuerabzug geltend gemacht werden kann.

Nach einem BMF-Schreiben vom 04.02.2019 gilt eine Option nicht mehr für den Teil der Mitgliederbeiträge, der z. B. für den laufenden Übungsbetrieb erhoben wird. Es gilt in allen noch offenen Fällen Folgendes:

Beruft sich eine Vereinigung unmittelbar auf die Richtlinie 2006/l12/EG des Rates vom 28. November 2006 über das gemeinsame Mehrwertsteuersystem (sog. Mehrwertsteuer-Systemrichtlinie, MwStSystRL) und behandelt die anfallenden Mitgliederbeiträge in der Folge abweichend von Abschnitt 1.4 Umsatzsteuer-Anwendungserlass als steuerbares Entgelt für die von ihr gegenüber den Mitgliedern erbrachten Leistungen, kommt die Anwendung der Steuerbefreiung nach § 4 Nr. 22 Buchstabe b UStG grundsätzlich in Betracht.

Nach Maßgabe der weiteren Voraussetzungen gilt insbesondere für sportliche Veranstaltungen, dass eine über eine reine Benutzung der Sportanlagen hinausgehende Nutzung, z. B. im Rahmen des Trainingsbetriebes (vgl. Abschnitt 4.22.2 Abs. 2 Satz 4) oder bei Wettkämpfen mit anderen Vereinen, einer Teilnahme an einer sportlichen Veranstaltung gleich kommt und es sich bei den insoweit entrichteten Mitgliederbeiträgen um Teilnehmergebühren im Sinne der nationalen Befreiungsvorschrift handelt.

Besteuerungsverfahren

Der Verein hat die selbst berechneten Umsatzsteuervoranmeldungen bis zum 10. Tag nach Ablauf des Voranmeldungszeitraums auf amtlich vorgeschriebenem Vordruck dem Finanzamt auf elektronischem Weg abzugeben.

Vorjahressteuerschuld	nicht mehr als	1.000 EUR	Jährlich
Vorjahressteuerschuld	nicht mehr als	7.500 EUR	Vierteljährlich
Vorjahressteuerschuld	über	7.500 EUR	Monatlich

Einführung eines generellen Trennungsprinzips der Eingangsleistungen bei Vereinen

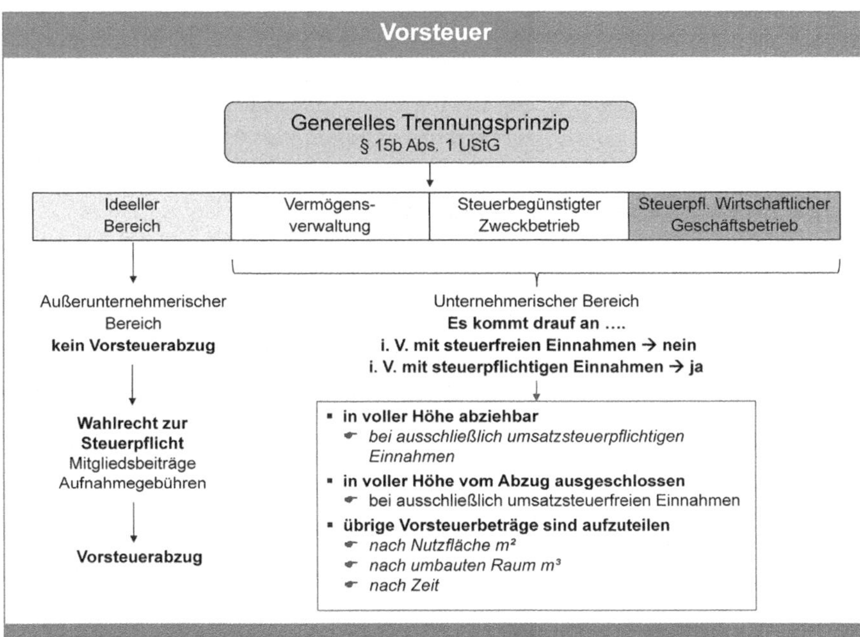

Mit den BFH-Urteilen vom 06.05.2010, V R 29/09 und 03.03.2011, V R 23/10 hat der BFH die EuGH-Rechtsprechung vom 13.03.2008, C-437/06, umgesetzt und unterscheidet bei Vereinen (auch bei juristischen Personen des öffentlichen Rechts) zwischen wirtschaftlichen und nichtwirtschaftlichen Tätigkeiten.

Vereine dürfen somit beim Erwerb oder der Anmietung von einheitlichen beweglichen Wirtschaftsgütern und beim Erwerb oder der Herstellung von unbeweglichen Wirtschaftsgütern diese – im Gegensatz zu den anderen Unternehmern – bei einer mehr als 10 %igen unternehmerischen Nutzung nicht mehr ihrem unternehmerischen Bereich zuordnen und damit keinen Vorsteuerabzug mehr geltend machen. Gleichzeitig entfällt damit aber die Besteuerung einer eventuellen steuerpflichtigen unentgeltlichen Wertabgabe.

Erfolgt somit ein Eingangsumsatz sowohl für den unternehmerischen als auch für den ideellen Bereich, gilt seit 01.01.2013 grundsätzlich das Trennungsprinzip. Der Verein muss also von vornherein eine Zuordnung seiner Eingangsleistungen zum ideellen Bereich vornehmen, was damit einen Vorsteuerabzug ausschließt.

Vorsteuerabzug bei teilweise unternehmerisch genutzten Grundstücken

Soweit ein Grundstück teilweise für unternehmerische und ideelle (nichtwirtschaftliche) Tätigkeiten verwendet wird, gilt von vornherein das Trennungsprinzip und der Vorsteuerabzug ist bereits nach § 15 Abs. 1 UStG ausgeschlossen. Für die Anwendung des § 15 Abs. 1b UStG bleibt insoweit kein Raum.

Änderung der unternehmerischen Nutzung

Erhöht sich die unternehmerische Nutzung zulasten der ideellen Nutzung im Laufe des maßgeblichen Berichtigungszeitraums des § 15a UStG, ist eine Vorsteuerberichtigung nach § 15a UStG zugunsten eigentlich nicht möglich. Hierzu wäre eine volle Zuordnung der Eingangsleistung zum Unternehmensvermögen erforderlich (vgl. Abschn. 15.6a Abs. 5 Satz 3 UStAE).

In diesem Falle lässt die Verwaltung für Leistungsbezüge ab dem 01.04.2012 eine Vorsteuerberichtigung nach § 15a UStG aus Billigkeitsgründen zu (vgl. Abschn. 3.4 Abs. 5a Satz 5 UStAE und den neuen Abs. 7 in Abschn. 15a.1 UStAE).

Vermindert sich die unternehmerische Nutzung zugunsten der ideellen Nutzung, ist eine Vorsteuerberichtigung nach § 15a UStG zu Ungunsten nicht vorzunehmen. In diesen Fällen, in denen das Trennungsprinzip zur Anwendung kommt, ist allerdings eine unentgeltliche Wertabgabe nach § 3 Abs. 9a Nr. 1 UStG zu besteuern (vgl. Abschn. 3.4 Abs. 5a Satz 4 UStAE).

Beispiel: Erwerb eines Kleinbusses !

Der SKV Insolvenza e. V. erwirbt im Jahr 01 einen Kleinbus für 30.000 Euro + 5.700 Euro Umsatzsteuer. Nach den zum Zeitpunkt des Erwerbs maßgebenden Verhältnissen (Einnahmeschlüssel) wird der Pkw zu 50 % für unternehmerische Tätigkeiten (Vermietung an Mitglieder) und zu 50 % für unentgeltliche Tätigkeiten für ideelle Vereinszwecke verwendet. Die Verwendung für unternehmerische Tätigkeiten

a) erhöht sich ab dem Jahr02 um 20 % auf insgesamt 70 %,

b) verringert sich ab dem Jahr03 um 20 % auf 30 %.

Lösung Jahr 01:

Der SKV Insolvenza ist seit 01.04.2014 zum Vorsteuerabzug nur noch in Höhe von 50 % von 5.700 Euro nach § 15 Abs. 1 UStG berechtigt. Der für unentgeltliche ideelle Tätigkeiten des Vereins (nichtwirtschaftliche Tätigkeit i. e. S., vgl. Abschnitt 2.3 Abs. 1a UStAE) verwendete Anteil des PKW berechtigt nicht zum Vorsteuerabzug (vgl. Abschnitt 15.2 Abs. 15a UStAE).

Lösung Jahr 02:

Erhöht sich die unternehmerische Nutzung, gestattet die Verwaltung aus Billigkeitsgründen die sinngemäße Anwendung des § 15a UStG. Da im obigen Fall die Bagatellgrenzen des § 44 UStDV überschritten sind, kann eine Vorsteuerberichtigung nach § 15a Abs. 1 UStG vorgenommen werden.

Lösung Jahr 03:

Verringert sich die unternehmerische Nutzung, bleibt der Vorsteuerbetrag in Höhe von 50 % beim Verein erhalten. Dafür ist lt. Verwaltung eine steuerpflichtige unentgeltliche Wertabgabe nach § 3 Abs. 9a Nr. 1 UStG anzunehmen.

Spenden in der steuerlichen Behandlung – was ist bei der Buchführung zu beachten?

Steuerbegünstigte Zwecke

Die steuerbegünstigten Zwecke werden seit dem 01.01.2008 ausschließlich im § 52 Abs. 2 AO aufgeführt.

Spendennachweis

Materiell-rechtliche Voraussetzung für den Spendenabzug bleibt nach wie vor eine förmliche Zuwendungsbestätigung. Diese Bestätigung muss nach amtlich vorgeschriebenem Vordruck erstellt werden. Steuerbegünstigte Vereine müssen die Vereinnahmung der Zuwendung und ihre zweckentsprechende Verwendung ordnungsgemäß aufzeichnen und ein Doppel der Zuwendungsbestätigung aufbewahren. Der steuerbegünstigte Zweck, für den die Zuwendung verwendet wird, und die Angaben über die Freistellung des Empfängers von der Körperschaftsteuer müssen auf der Zuwendungsbestätigung aufgedruckt sein. Bei allen Geldspenden muss der steuerbegünstigte Verein immer eine Aussage machen, ob es sich um eine reine Geldspende oder eine Aufwandsspende handelt. Bei Sachzuwendungen und beim Verzicht auf die Erstattung von Aufwand müssen sich aus den Aufzeichnungen des Zuwendungsempfängers auch die Grundlagen für den vom Empfänger bestätigten Wert der Zuwendung ergeben.

Achtung !

Mangelhafte Aufzeichnungspflichten können zum Verlust der Gemeinnützigkeit des Vereins führen und eine Haftung des Zuwendungsempfängers nach § 10b Abs. 4 EStG auslösen.

Bei Zuwendungen bis zu einem Betrag von 200 Euro gilt als Nachweis der Bareinzahlungsbeleg oder die Buchungsbestätigung eines Kreditinstituts, die aber ebenfalls Hinweise auf die Gemeinnützigkeit des Vereins enthalten muss.

! **Achtung**

Spenden sind Chefsache!

Die Zuwendungsbestätigung muss grundsätzlich vom Vorstand nach § 26 BGB oder einem vom Vorstand entsprechend Bevollmächtigten unterschrieben werden. Es ist dabei zu beachten, wie die Vertretung nach außen in der Satzung geregelt ist. Bei einem mehrköpfigen Vorstand bestehen folgende Vertretungsmöglichkeiten:

- aktive Gesamtvertretung,
- reine Einzelvertretung,
- eingeschränkte Einzelvertretung (z. B. Vier-Augen-Prinzip).

Risiken für Mehrspartenvereine

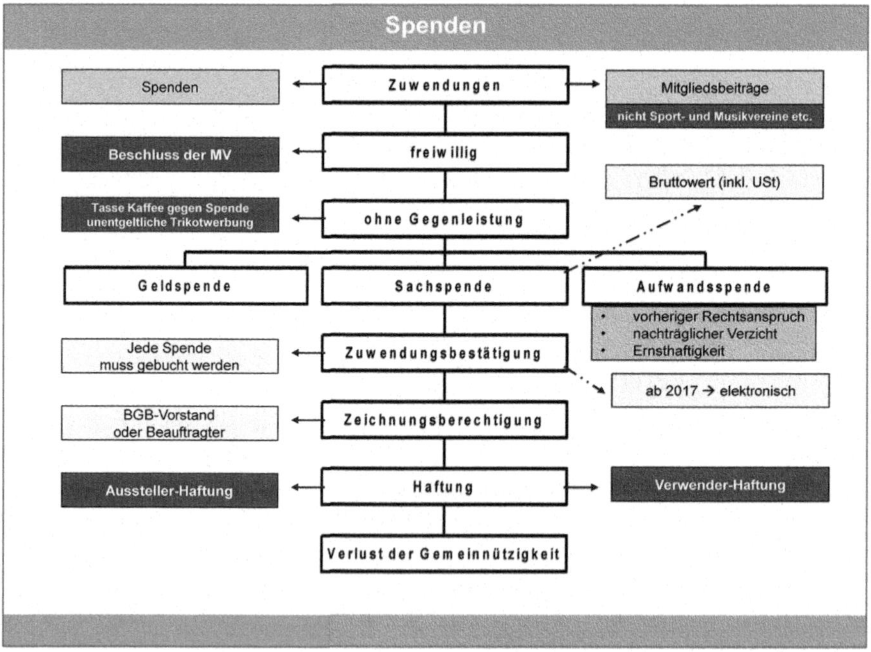

Achtung !

Unwissenheit schützt vor Strafe nicht.

In Mehrspartenvereinen sollte das Haftungsrisiko für den Vorstand nach § 26 BGB nicht unterschätzt werden. Dies gilt vor allem dann, wenn die Untergliederungen rechtlich unselbstständig sind, sich aber selbst verwalten dürfen; d. h. eigene Kassen und Bankkonten haben. Hier sollte eine eindeutige Regelung im Verein vorgeschrieben werden. Die Kompetenz für die Ausstellung von Zuwendungsbestätigungen sollte nur beim BGB-Vorstand liegen. Abteilungsleiter, -kassierer und andere Funktionsträger sind nicht berechtigt, verbindliche auf amtlich vorgeschriebenem Vordruck zu erstellende Zuwendungsbestätigungen anzufertigen. Der Vorstand sollte sich über die richtige Verwendung von Spenden innerhalb der Abteilung vergewissern.

Spendenarten

Spenden sind Ausgaben, die

- freiwillig sowie
- unentgeltlich

geleistet werden und beim

- Spender zu einer Vermögensminderung und beim
- Verein zu einer Vermögensmehrung

führen. Diese können neben Geld auch in Form von Wirtschaftsgütern (Sachspenden), nicht aber in Nutzungen und Leistungen bestehen. Ausgaben zur Förderung sportlicher Zwecke sind nur dann für den Spender als Spende abzugsfähig, wenn der Sportverein die Zuwendungen unmittelbar für steuerbegünstigte satzungsmäßige Zwecke (ideeller Bereich oder steuerbegünstigter Zweckbetrieb), nicht aber im steuerpflichtigen wirtschaftlichen Geschäftsbetrieb oder in der Vermögensverwaltung verwendet.

Freiwillig ist eine Spende immer dann, wenn sie ohne rechtliche Verpflichtung geleistet wird. Mitgliedsbeiträge, Umlagen, Bausteine etc. werden dem Sportverein durch Satzung oder Mitgliederbeschluss unmittelbar geschuldet.

! **Beispiel: Bausteinspende**

Der Sportverein »Land unter« erweitert sein Freibad um ein weiteres Schwimmbecken. In der Mitgliederversammlung werden sog. Bausteinspenden in Höhe von 100 Euro beschlossen, die jedes Alt- und Neumitglied neben dem Mitgliedsbeitrag bezahlen muss. Lösung: Da die »Bausteinspende« aufgrund eines Mitgliederbeschlusses bezahlt werden muss, fehlt es an der Freiwilligkeit. Der Verein darf keine Zuwendungsbestätigung ausstellen. Der Betrag ist für die Mitglieder nicht als Spende abzugsfähig.

Unentgeltlich ist eine Spende, wenn ihr keine Gegenleistung gegenübersteht bzw. zwischen Leistung und Gegenleistung kein unmittelbarer wirtschaftlicher Zusammenhang besteht. Als Spende nicht abzugsfähig sind deshalb Zahlungen, die im Rahmen eines Strafverfahrens auferlegt werden oder die zum Erwerb von Eintrittskarten oder Losen geleistet werden.

Werden Trikots mit Werbeaufdruck, die von den Sportlern bei öffentlichen Auftritten getragen werden, an einen Sportverein gespendet, stellen diese für den Spender Betriebsausgaben und für den Verein Einnahmen im steuerpflichtigen wirtschaftlichen Geschäftsbetrieb »Werbung« dar. Als Spenden bezeichnete Ausgaben, die bei wirtschaftlicher Betrachtung das Entgelt für eine Leistung des empfangenden Vereins darstellen, sind nicht nach § 10b EStG abziehbar.

! **Beispiel: Steuerliche Beurteilung von unentgeltlicher Sportkleidung**

Das Autohaus »Heilig's Blechle« stellt dem Verein für die Jugendmannschaften Trikots und Trainingsanzüge unentgeltlich zur Verfügung. Der Verein hätte für die Sportkleidung 10.000 Euro bezahlen müssen. Das Autohaus hat die Sportkleidung mit seinem Firmenlogo versehen.

Lösung:

	Steuerliche Beurteilung
beim Autohaus	Betriebsausgabenabzug
beim Verein	Einnahme wirtschaftlicher Geschäftsbetrieb ▪ 19 % Umsatzsteuer (= 1.596,63 EUR) werden fällig ▪ eventuell 15 % Körperschaftsteuer ▪ + 5,5 % Solidaritätszuschlag ▪ + ca. 15 % Gewerbesteuer

Unproblematisch sind Zuwendungen in Geld durch den Spender, da für ihn ein finanzieller Aufwand entsteht, der genau bezifferbar ist. Die Ausstellung einer Zuwendungsbestätigung dürfte keine Schwierigkeiten bereiten.

Erhält der Verein unmittelbar eine Sachspende, kann er über diese Zuwendung eine Zuwendungsbestätigung »Sachzuwendung« ausstellen. Damit beim Spendengeber eine Aufwendung steuerlich berücksichtigt werden kann, muss die Zuwendung beim Spendenempfänger für steuerbegünstigte Zwecke (ideeller Bereich, steuerbegünstigte Zweckbetriebe) verwendet werden.

Beispiel: Zuwendung im ideellen Bereich !

Die F-Jugend der Handballabteilung erhält ein Netz voller Bälle vom Vater (Bauunternehmer) eines Spielers. Der Vater erwartet vom Verein keine Gegenleistung.

Lösung:

Die Bälle werden im **ideellen Bereich** (Jugend) verwendet. Nach Vorlage der Rechnung kann der Sportverein eine Zuwendungsbestätigung über ein Netz Bälle ausstellen.

Beispiel: Zuwendung im steuerbegünstigten Zweckbetrieb !

Die 1. Damenmannschaft der Fußballabteilung erhält von einem Gönner des Vereins ein Satz Trikots. Die Spielerinnen der Mannschaft erhalten weder vom Verein noch von einem Dritten mehr als 400 Euro monatlich fürs Kicken.

Lösung:

Auch für diese Zuwendung kann der Fußballverein eine Bestätigung ausstellen, wenn keine Gegenleistung durch den Verein erbracht wird. Die Trikots werden in einem **steuerbegünstigten Zweckbetrieb** »unbezahlter Sport« verwendet.

Wird eine Sachspende für die selbst bewirtschaftete Vereinsgaststätte oder für Vereinsfeste verwendet, kann eine Zuwendungsbestätigung nicht ausgestellt werden. Die Verwendung erfolgt in einem steuerpflichtigen wirtschaftlichen Geschäftsbetrieb, der Spender hat keine Abzugsmöglichkeit.

! **Beispiel: Zuwendung im Bereich Verkauf**

Die Judoabteilung veranstaltet einmal jährlich einen Elternnachmittag. Es werden die sportlichen Fortschritte der Kinder gezeigt und damit auch für weitere Mitglieder geworben. Die Abteilung verkauft an einem Stand »gespendete« Speisen und Getränke.

Lösung:

Der Sportverein darf keine Zuwendungsbestätigungen an die Wohltäter der Abteilung ausstellen. Auch der noch so geringe Verkauf von gespendeten Waren stellt einen steuerpflichtigen wirtschaftlichen Geschäftsbetrieb dar.

Aus der Zuwendungsbestätigung müssen der Wert und die genaue Bezeichnung der gespendeten Sache im Sinne des § 10b EStG ersichtlich sein. Für den Wertansatz einer Sachspende kommt es darauf an, ob diese aus dem Privat- oder Betriebsvermögen gegeben wird. Der Spender trägt das Risiko des »richtigen« Wertes. Er hat deshalb den Wert der gespendeten Sache durch geeignete Unterlagen (z. B. Einkaufsrechnung, Gutachten etc.) nachzuweisen. Problematischer ist die Wertermittlung von gebrauchten Gegenständen. Hier ist der Wert im Zeitpunkt der Übergabe anhand des Anschaffungspreises, des Alters, des technischen Zustands etc. zu schätzen und ggf. durch ein Schätzgutachten zu belegen. Die Belege sind vom Verein aufzubewahren.

Das Bundesministerium für Finanzen hat am 07.06.1999 in einem Erlass zur steuerlichen Anerkennung von Aufwandsersatzansprüchen gem. § 670 BGB als Aufwandsspenden im Sinne des § 10b EStG Folgendes bestimmt:

- Aufwendungsersatzansprüche nach § 670 BGB können Gegenstand von Aufwandsspenden sein.
- Hat der Zuwendende einen Aufwendungsersatzanspruch gegenüber dem Verein und verzichtet er darauf, ist ein Spendenabzug nur zulässig, wenn der entsprechende **Aufwendungsersatzanspruch durch Vertrag, Satzung oder einen rechtsgültigen Vorstandsbeschluss** eingeräumt worden ist.
- Aufwendungsersatzansprüche müssen **ernsthaft** vereinbart sein.
- Beim **nachträglichen** Verzicht auf den Ersatz der Aufwendungen handelt es sich um eine Geldspende des Aufwands.
- Für die Höhe der Zuwendungen ist der vereinbarte Ersatzanspruch maßgebend.

Voraussetzungen Aufwandsspende

BMF-Schreiben vom 25.11.2014 und 24.08.2016

Vorheriger Rechtsanspruch →

1. Vertrag
2. Satzung
3. Vorstandsbeschluss
   (wenn Satzung das vorsieht)

Nachträglicher Verzicht →

- bei einmaligen Ansprüchen → alle drei Monate
- bei regelmäßiger (monatlicher) Tätigkeit → jährlich
- schriftlich
- Spender muss ärmer werden

Ernsthaftigkeit →

- Prognoserechnung
- Auszahlung jederzeit möglich
- Bank- oder Mitgliederdarlehen

Achtung → Bei fehlenden liquiden Mitteln droht die Aberkennung der Gemeinnützigkeit

Widerruf der Gemeinnützigkeit

Der Fall:
Der SKV Insolvenza hat in den Jahren 2011 bis 2013 folgende Zuwendungsbestätigungen für Aufwandsspenden ausgestellt:

2011	31.500 €
2012	39.900 €
2013	40.800 €
Summe	112.200 €

Haftungsbescheid:

Finanzamt 5.5.2015

1. Die wirtschaftliche Leistungsfähigkeit im Überprüfungszeitraum 2011 bis 2013 war nicht gegeben.
2. Hätten die Übungsleiter auf Auszahlung der Vergütung bestanden, hätte der Verein weder in 2011, noch in 2012 und 2013 die Beträge auszahlen können.
3. Die missbräuchliche Spendenbescheinigungspraxis führt zur Aberkennung der Gemeinnützigkeit.
4. Soweit es sich bei den Spendern um sog. „gutgläubige" Spender handelt, behalten diese den Spendenabzug.
5. Der Verein haftet dann nach § 10b Abs. 4 EStG mit 30 % der Spendensumme

2011 → 30 % von 31.500 €	9.450 €
2012 → 30 % von 39.900 €	11.970 €
2013 → 30 % von 40.800 €	12.240 €
Summe	33.660 €

Spätestens mit Einführung der Ehrenamtspauschale im Jahr 2007 sind die Aufwandsspenden sowohl in den Fokus der Vereine aber auch der Finanzverwaltung gerückt. Bei der Aufwandsspende hat der Spender zunächst einen Anspruch auf Zahlung seiner erbrachten Leistung. Im Anschluss daran könnte er dann das erhaltene Geld seinem Verein wiederum spenden. Bei der Aufwandsspende handelt es sich eigentlich um eine Sonderform der Geldspende. Der Anspruchsberechtigte erhält im Rahmen eines abgekürzten Zahlungswegs zum Ausgleich für seine Leistung eine Spendenbescheinigung, d. h. es fließt kein Geld (»statt Geld ein Stück Papier«).

Da ein solches Verfahren missbrauchsanfällig ist, bedarf es klarer und eindeutiger Regelungen zur steuerlichen Anerkennung solcher Aufwandsspenden, die mit dem BMF-Schreiben vom 25.11.2014 in sieben Textziffern neu gefasst wurden.

BMF-Schreiben vom 25.11.2014

1. Aufwendungsersatzansprüche können Gegenstand sogenannter Aufwandsspenden gemäß § 10b Abs. 3 Satz 5 und 6 EStG sein. Das gilt auch im Verhältnis eines Zuwendungsempfängers zu seinen ehrenamtlich tätigen Mitgliedern. Nach den Erfahrungen spricht aber eine tatsächliche Vermutung dafür, dass Leistungen ehrenamtlich tätiger Mitglieder und Förderer des Zuwendungsempfängers unentgeltlich und ohne Aufwendungsersatzanspruch erbracht werden. Diese Vermutung ist allerdings widerlegbar. Dafür ist bei vertraglichen Ansprüchen eine schriftliche Vereinbarung zwischen Zuwendendem und Zuwendungsempfänger vorzulegen, die vor der zum Aufwand führenden Tätigkeit getroffen sein muss.

2. Hat der Zuwendende einen Aufwendungsersatzanspruch gegenüber dem Zuwendungsempfänger und verzichtet er darauf, ist ein Spendenabzug nach § 10b Abs. 3 Satz 5 EStG allerdings nur dann rechtlich zulässig, wenn der entsprechende Aufwendungsersatzanspruch durch einen Vertrag oder die Satzung eingeräumt worden ist, und zwar bevor die zum Aufwand führende Tätigkeit begonnen worden ist. Die Anerkennung eines Aufwendungsersatzanspruches ist auch in den Fällen eines rechtsgültigen Vorstandsbeschlusses möglich, wenn der Vorstand dazu durch eine Regelung in der Satzung ermächtigt wurde. Eine nachträgliche rückwirkende Begründung von Ersatzpflichten des Zuwendungsempfängers, zum Beispiel durch eine rückwirkende Satzungsänderung, reicht nicht aus. Aufwendungsersatzansprüche aus einer auf einer entsprechenden Satzungsermächtigung beruhenden Vereinsordnung (z. B. Reisekostenordnung) sind Ansprüche aus einer Satzung im Sinne des § 10b Abs. 3 Satz 5 EStG. Der Verzicht auf bestehende sonstige Ansprüche (Rückspende), wie z. B. Lohn- oder Honorarforderungen oder gesetzliche Ansprüche (die keine Aufwendungsersatzansprüche sind), ist unter den

nachstehend unter 3. aufgeführten Voraussetzungen als Spende im Sinne des § 10b EStG abziehbar.

3. Ansprüche auf einen Aufwendungsersatz oder eine Vergütung müssen ernsthaft eingeräumt sein und dürfen nicht von vornherein unter der Bedingung des Verzichts stehen. Wesentliche Indizien für die Ernsthaftigkeit von Ansprüchen auf Aufwendungsersatz oder einer Vergütung sind auch die zeitliche Nähe der Verzichtserklärung zur Fälligkeit des Anspruchs und die wirtschaftliche Leistungsfähigkeit des Zuwendungsempfängers. Die Verzichtserklärung ist dann noch zeitnah, wenn bei einmaligen Ansprüchen innerhalb von drei Monaten und bei einer regelmäßigen Tätigkeit alle drei Monate ein Verzicht erklärt wird. Die wirtschaftliche Leistungsfähigkeit ist anzunehmen, wenn der Zuwendungsempfänger ungeachtet eines späteren Verzichts durch den Zuwendenden bei prognostischer Betrachtung zum Zeitpunkt der Einräumung des Anspruchs auf den Aufwendungsersatz oder die Vergütung wirtschaftlich in der Lage ist, die eingegangene Verpflichtung zu erfüllen. Wird auf einen Anspruch verzichtet, muss dieser auch im Zeitpunkt des Verzichts tatsächlich werthaltig sein. Nur dann kommt ein Abzug als steuerbegünstigte Zuwendung in Betracht.
   Sofern der Verein im Zeitpunkt der Einräumung des Anspruchs auf einen Aufwendungsersatz oder eine Vergütung wirtschaftlich in der Lage ist, die eingegangene Verpflichtung zu erfüllen, kann regelmäßig davon ausgegangen werden, dass der Anspruch im Zeitpunkt des Verzichts noch werthaltig ist. Etwas anderes gilt nur dann, wenn sich die finanziellen Verhältnisse des Vereins im Zeitraum zwischen der Einräumung des Anspruchs und dem Verzicht wesentlich verschlechtert haben.
   Von der wirtschaftlichen Leistungsfähigkeit ist immer dann auszugehen, wenn die Körperschaft offensichtlich über genügend liquide Mittel bzw. sonstiges Vermögen verfügt, das zur Begleichung der eingegangenen Verpflichtung herangezogen wird. Dabei ist keine Differenzierung nach steuerbegünstigtem Tätigkeitsbereich (ideelle Tätigkeit, Zweckbetrieb), steuerfreier Vermögensverwaltung oder steuerpflichtigem wirtschaftlichen Geschäftsbetrieb vorzunehmen.

4. Der Abzug einer Spende gemäß § 10b EStG setzt voraus, dass die Ausgabe beim Spender zu einer endgültigen wirtschaftlichen Belastung führt. Eine endgültige wirtschaftliche Belastung liegt nicht vor, soweit der Wertabgabe aus dem Vermögen des Steuerpflichtigen ein entsprechender Zufluss — im Falle der Zusammenveranlagung auch beim anderen Ehegatten/Lebenspartner — gegenübersteht (BFH-Urteil vom 20.01.1991, BStBl II S. 690). Die von der spendenempfangsberechtigten Einrichtung erteilten Aufträge und die mit deren Ausführung entstehenden Aufwendungen dürfen nicht, auch nicht zum Teil, im eigenen Interesse des Zuwendenden ausgeführt bzw. getätigt werden. Die Auszahlung von Aufwendungsersatz an den Spender führt insoweit nicht zu einem schädlichen Rückfluss, als der Aufwendungsersatz aufgrund eines ernsthaft eingeräumten Ersatzanspruchs geleistet wird, der nicht unter der Bedingung einer vorhergehenden Spende steht.

5. Bei dem nachträglichen Verzicht auf den Ersatz der Aufwendungen bzw. auf einen sonstigen Anspruch handelt es sich um eine Geldspende, bei der entbehrlich ist, dass Geld zwischen dem Zuwendungsempfänger und dem Zuwendenden tatsächlich hin und her fließt. Dem Zuwendenden ist deshalb eine Zuwendungsbestätigung über eine Geldzuwendung zu erteilen, in der auch ausdrückliche Angaben darüber zu machen sind, ob es sich um den Verzicht auf die Erstattung von Aufwendungen handelt.
6. Eine Zuwendungsbestätigung darf nur erteilt werden, wenn sich der Ersatzanspruch auf Aufwendungen bezieht, die zur Erfüllung der satzungsmäßigen Zwecke des Zuwendungsempfängers erforderlich waren. Für die Höhe der Zuwendung ist der vereinbarte Ersatzanspruch maßgeblich; allerdings kann ein unangemessen hoher Ersatzanspruch zum Verlust der Gemeinnützigkeit des Zuwendungsempfängers führen (§ 55 Abs. 1 Nr. 3 AO). Der Zuwendungsempfänger muss die zutreffende Höhe des Ersatzanspruchs, über den er eine Zuwendungsbestätigung erteilt hat, durch geeignete Unterlagen im Einzelnen belegen können.
7. Dieses BMF-Schreiben ist ab 01.01.2015 anzuwenden. Das BMF-Schreiben vom 07.06.1999 - IV C 4 - S 2223 - 111199 - (BStBl I S. 591) findet weiter Anwendung auf alle Zusagen auf Aufwendungsersatz sowie auf alle Zusagen auf Vergütungen, die bis zum 31.12.2014 erteilt wurden. Wird bei einer Körperschaft, die vor dem 01.01.2015 gegründet wurde, Aufwendungsersatz lediglich aufgrund eines rechtsgültigen Vorstandsbeschlusses ohne ausdrückliche Satzungsermächtigung eingeräumt, so muss die Satzung nicht allein zur Einräumung dieser Ermächtigung geändert werden.

! **Achtung**

Klare, eindeutige Vereinbarungen sollten im Voraus getroffen werden.

Als Aufwendungsersatz wird lediglich ein Kostenersatz tatsächlich angefallener, nachgewiesener und zur Erfüllung des Auftrags auch notwendiger Kosten angesehen. Nicht unter diesen gesetzlichen Aufwendungsersatzanspruch fallen Vergütungen für die aufgewendete Arbeitszeit und Arbeitskraft. Durch den reinen Aufwendungsersatz kann insoweit auch kein Arbeitsverhältnis mit dem ehrenamtlich Tätigen entstehen. Ohne eine Regelung in der Satzung oder einer Vereinsordnung (Satzungsgrundlage erforderlich) hat jeder Beauftragte gegen den Verein einen umfassenden und unbeschränkten Anspruch. Darüber hinaus können auch andere Personen (z. B. Eltern, die Jugendliche zu sportlichen Veranstaltungen fahren) einen Kostenersatz vom Verein erhalten.

Häufig werden die steuerrechtlich zulässigen Vergütungssätze erstattet:

Vergütungssätze		
1.	Fahrtkosten für auswärtige Tätigkeiten (tatsächlich gefahrene Kilometer)	
	mit dem eigenen Pkw	0,30 EUR
	sonstige motorbetriebene Fahrzeuge	0,20 EUR
2.	Entfernungspauschale Training/Heimspiele (einfache Strecke)	
	für jeden Kilometer (einfache Strecke)	0,30 EUR
	Höchstbetrag	4.500,00 EUR
3.	Mehraufwendung für Verpflegung	
	mehr als 8 Stunden	12,00 EUR
	bei mehrtägiger Reise für den An- und Abreisetag	12,00 EUR
	24 Stunden (Zwischentag)	24,00 EUR
4.	Übernachtungskosten	20,00 EUR
5.	Telefonkosten (Telefoneinheiten)	
6.	Portokosten (Beleg)	
7.	weiterer vereinbarter Kostenersatz ist denkbar	

Kann der Verein den Aufwendungsersatz nur unter der Bedingung des Verzichts gewähren, fehlt es an einem ernsthaft vereinbarten Anspruch. Der Verein muss also finanziell in der Lage sein, ggf. Aufwendungsersatzansprüche auch aus eigenen finanziellen Mitteln begleichen zu können. Das gilt auch in den Fällen, in denen zunächst der ehrenamtlich Tätige den Aufwendungsersatzanspruch dem Verein spendet.

Beispiel: Aufwendungsersatz unter der Bedingung des Verzichts !

Der Sportverein »Habenichts« vergütet seinen zehn Übungsleitern am Jahresende 2.400 Euro (= 24.000 Euro). Auf den Konten des Vereins stehen zum Zeitpunkt der Auszahlung nur rote Zahlen. Alle Übungsleiter spenden nach Erhalt der Übungsleitervergütung diese wieder umgehend an den Sportverein.

Lösung:

Ein Spendenabzug bei den Übungsleitern kann nicht anerkannt werden. Wesentliches Indiz für die Ernsthaftigkeit ist die wirtschaftliche Leistungsfähigkeit des Sportvereins als Zuwendungsempfänger. Der Sportverein muss finanziell in der Lage sein, die geschuldete Übungsleitervergütung im Zweifel an alle Übungsleiter auch leisten zu können. Der Sportverein konnte die Übungsleitervergütungen nur auszahlen (ohne sich zu verschulden), weil er von Anfang an wusste, dass diese Vergütungen als Spende wieder in den Vermögensbereich des Vereins kamen.

! **Wichtig**

Das Finanzgericht München hat in einem Urteil vom 07.07.2009 (6 K 3583/07) über Nichtauszahlung von Übungsleitern gegen Zuwendungsbestätigung entschieden und dabei nochmals einzelne Kriterien herausgearbeitet.

! **Beispiel: Geldspende**

Der Fall:

Ein Übungsleiter erhält statt einer Auszahlung die Übungsleitervergütung in Höhe von 2.400 Euro in Form einer Spendenbescheinigung.

Das Urteil:

Bei der ordnungsgemäßen Aufwandsspende liegt die Spende nicht bereits darin, dass der Spender Aufwendungen für den Spendenempfänger tätigt. Zunächst entsteht nur ein zivilrechtlicher Anspruch des Spenders auf Ersatz seiner Aufwendungen. Die Spende liegt erst im anschließenden Verzicht auf diesem Anspruch. Deswegen handelt es sich letztlich nicht um eine Sachspende, sondern um eine Geldspende.

Kriterien zur ordnungsgemäßen Aufwandsspende

1. Für die Anerkennung von Aufwandsspenden spricht, dass
   - Bestimmungen durch die zuständigen Gremien getroffen wurden,
   - zivilrechtliche Aufwendungsersatzansprüche dadurch entstehen können,
   - Aufträge in gewissem Umfang auch erteilt wurden und
   - die Beauftragten umfangreiche Abrechnungen erstellt haben.
2. Ein zivilrechtlicher Verzicht ist notwendige Voraussetzung.
3. Der Verein muss finanziell in der Lage sein, ggf. auch die Aufwendungen auszahlen zu können.
4. Die Spendenbescheinigung ist vom Spendenempfänger für das Jahr des Zugangs der Verzichtserklärung beim Spendenempfänger auszustellen.

Haftung des Spendenempfängers

Bei der Einkommensteuer und Körperschaftsteuer besteht für den gutgläubigen Spender eine Vertrauensschutzregelung, die gleichzeitig mit einem Haftungstatbestand verknüpft ist.

Der Haftungstatbestand des § 10b Abs. 4 EStG ist erfüllt, wenn

- die Zuwendungsbestätigung **vorsätzlich oder grob fahrlässig** falsch ausgestellt wurde, z. B. bei Sachspenden ein überhöhter Wert festgelegt wird. Auch eine missbräuchliche Ausstellung von Spendenbestätigungen erfüllt in der Regel den Tatbestand der objektiven Steuerverkürzung und kann zur Aberkennung der Gemeinnützigkeit führen,

oder, wenn

- die Zuwendungen nicht zu den in der Zuwendungsbestätigung **angegebenen steuerbegünstigten Zwecken** verwendet wurden. Jede steuerschädliche Verwendung der Zuwendungen führt grundsätzlich sofort zur Annahme der Haftung. Auf eine vorsätzlich oder grob fahrlässig falsche Verwendung kommt es nicht an. Auch in diesen Fällen kann die Aberkennung der Gemeinnützigkeit drohen.

Achtung !

Im Haftungsfall kann die Gemeinnützigkeit entzogen werden.

Die Haftung beträgt sowohl im Fall der zweckwidrigen Verwendung einer Spende als auch der wahrheitswidrigen Ausstellung von Zuwendungsbestätigungen 30 % des zugewandten Betrags. Neben dieser Haftung wird dem Verein in aller Regel die Gemeinnützigkeit entzogen. Der Schaden für einen gemeinnützigen Sportverein kann damit weit über den zugewendeten Betrag hinausgehen. Werden Spenden aus einem Gewerbebetrieb geleistet, liegt ein eigener Haftungstatbestand vor. Der Haftungsbetrag wird in Höhe von weiteren 15 % der Zuwendungen festgesetzt.

Werden z. B. bei Sachspenden überhöhte Werte in einer Zuwendungsbestätigung bestätigt, so haftet der Aussteller für die fehlerhafte Bescheinigung.

! **Beispiel: Fehlerhafte Zuwendungsbestätigung**

Der Sportverein »Modern Walking« möchte seine manuelle Vereinsbuchhaltung auf ein fortschrittliches EDV-System umstellen. Er erhält hierzu die alte und gebrauchte Hardware (PC, Monitor und Drucker) von einem Mitglied mit der Bitte um Ausstellung einer Zuwendungsbestätigung. Der Schatzmeister stellt eine Zuwendungsbestätigung für einen PC über 2.000 Euro aus.

Lösung:

Da der PC nur noch »Schrottwert« hat, liegt eine fehlerhafte Zuwendungsbestätigung vor. Es wurde ein überhöhter Wert eingetragen, der Spender hat dadurch einen ungerechtfertigten Steuervorteil erhalten. Der Sportverein muss 30 % v. 2.000 Euro = 600 Euro an das Finanzamt bezahlen und verliert die Gemeinnützigkeit. Bei fehlerhaften Spendenbescheinigungen sind aufgrund der Rechtsprechung zunächst der Verein und erst dann einzelne Personen in Haftung zu nehmen. Der Sportverein wird versuchen, den Haftungsbetrag vom Schatzmeister zu erhalten.

Ebenso unzulässig sind in Anspruch genommene Leistungen ohne Rechnung gegen Zuwendungsbestätigung.

! **Beispiel: Zuwendungsbestätigung ohne Rechnung**

Ein Sportverein muss seine im steuerbegünstigten Bereich genutzten Sportanlagen instand setzen. Der Schatzmeister erinnert sich an ein Mitglied (Bauunternehmer) und bittet dieses um Hilfe. Der Unternehmer stellt Material und Personal unentgeltlich zur Verfügung. Nachdem der Sportplatz wieder bespielbar ist, weist der Unternehmer auf die Höhe der Kosten hin (8.000 Euro) und erwähnt dabei, dass er gegen eine Zuwendungsbestätigung nichts einzuwenden hätte. Der Schatzmeister »Eifrig-Ahnungslos« stellt eine solche umgehend aus.

Lösung:

Dem Verein wird die Gemeinnützigkeit wegen zweckwidriger Mittelverwendung entzogen. Der Schatzmeister hat eine Zuwendungsbestätigung »beschafft«. Bei dem Bauunternehmer liegt keine Vermögensminderung vor; d. h., er ist nicht ärmer geworden. Im Gegenteil, der Unternehmer hat die Kosten für Material und Personal in Höhe von 8.000 Euro als Betriebsausgaben in seinem Unternehmen geltend gemacht. Zusätzlich erhält er noch die vom Schatzmeister »beschaffte« Zuwendungsbestätigung.

Richtig: Eine Zuwendungsbestätigung (auch vom Sportverein ausgestellt) wäre nur dann zulässig, wenn der Bauunternehmer dem Verein seine Leistung in Rechnung stellt und auf der Rechnung den Verzicht der unmittelbaren Bezahlung gegen eine Zuwendungsbestätigung erklärt. Der Bauunternehmer verbucht gewinnerhöhend und mit Abführung der Mehrwertsteuer eine Betriebseinnahme, die dann im Rahmen

des zulässig abzugsfähigen Spendenbetrags (20 % vom Gesamtbetrag der Einkünfte) sein zu versteuerndes Einkommen wiederum reduziert.

Spendenhöchstbetrag

Zuwendungen (Mitgliedsbeiträge und Spenden) sind nur im Jahr der Zahlung unter Vorlage einer amtlichen Zuwendungsbestätigung in der in § 10b EStG genannten Höhe abzugsfähig. Ausgaben zur Förderung mildtätiger, kirchlicher, religiöser, wissenschaftlicher und der als besonders förderungswürdig anerkannten gemeinnützigen Zwecke sind bis zur Höhe von insgesamt 20 % des Gesamtbetrags der Einkünfte oder 4 ‰ der Summe der gesamten Umsätze und der im Kalenderjahr aufgewendeten Löhne und Gehälter als Sonderausgaben abzugsfähig.

Abziehbar sind auch Mitgliedsbeiträge an Fördervereine, die Kunst und Kultur gem. § 52 Abs. 2 Satz 1 Nr. 5 AO fördern, soweit es sich nicht um Mitgliedsbeiträge an Vereine handelt, die kulturelle Betätigungen fördern, die in erster Linie der Freizeitgestaltung dienen.

Nicht abziehbar sind Mitgliedsbeiträge an Vereine, die

1. den Sport (§ 52 Abs. 2 Satz 1 Nr. 21 AO),
2. kulturelle Betätigungen (die in erster Linie der Freizeitgestaltung dienen),
3. die Heimatpflege und Heimatkunde (§ 52 Abs. 2 Satz 1 Nr. 22 AO),
4. Zwecke im Sinne des § 52 Abs. 2 Satz 1 Nr. 23 AO fördern.

Sponsoringeinnahmen: Wie werden sie ertragsteuerlich behandelt?

Einführung

Am 09.07.1997 wurde die ertragsteuerliche Behandlung des Sponsorings in einem Erlass des Bundesministeriums der Finanzen neu geregelt. Aufgrund großer Aufregung bei den kulturellen Institutionen kam es am 18.02.1998 zu einer Klarstellung der steuerlichen Behandlung bei steuerbegünstigten Empfängern.

Sponsoring

„Lieber Geld verlieren als Vertrauen"

Robert Bosch

Sponsoring ist ......

- mehr als Werbung und mehr als Förderung
- eine Maßnahme, die Image und Vertrauen schaffen,
- aber auch vernichten kann
- nach außen, aber auch nach innen wirksam
- deshalb, sorgfältig zu planen, vertraglich zu regeln und umzusetzen

Begriff des Sponsorings

! **Achtung**

Sponsoring beruht auf Leistung und Gegenleistung.

Unter Sponsoring wird üblicherweise die Gewährung von Geld oder geldwerten Vorteilen durch Unternehmen zur Förderung von Personen, Gruppen und/oder Organisationen in sportlichen, kulturellen, kirchlichen, wissenschaftlichen, sozialen, ökologischen oder ähnlich bedeutsamen gesellschaftspolitischen Bereichen verstanden, mit der regelmäßig auch eigene unternehmensbezogene Ziele der Werbung oder Öffentlichkeitsarbeit verfolgt werden. Leistungen eines Sponsors beruhen häufig auf einer vertraglichen Vereinbarung zwischen dem Sponsor und dem Empfänger der Leistungen (Sponsoring-Vertrag), in dem Art und Umfang der Leistungen des Sponsors und des Empfängers geregelt sind.

Steuerliche Behandlung beim Sponsor

Die im Zusammenhang mit dem Sponsoring gemachten Aufwendungen können folgende sein:

- Betriebsausgaben,
- Spenden,
- nicht abziehbare Kosten der Lebensführung.

Durch das Sponsoring können einzelne Sportler, Sportveranstaltungen oder aber Vereine und Verbände gefördert werden. Sponsoring kann in den unterschiedlichsten Medien, wie z. B. Zeitung, Hörfunk, Fernsehen und Internet, vorkommen.

Der für einen Sponsor denkbar ungünstigste Fall ist, dass die Aufwendungen dem Bereich der privaten Lebensführung bzw. bei Kapitalgesellschaften den »verdeckten Gewinnausschüttungen« zuzurechnen sind. Eine steuerliche Vergünstigung ist dann nicht gegeben. Werden Aufwendungen in erster Linie aus privaten Gründen vorgenommen, dienen diese nicht der Einkunftserzielung. Die Aufwendungen können damit nicht gewinnmindernd als Betriebsausgaben abgezogen werden.

Die steuerlich schon wesentlich interessantere Berücksichtigung finden die Aufwendungen beim Sponsoring als abzugsfähige Spenden.

Spenden sind Ausgaben, die freiwillig und unentgeltlich geleistet werden. Diese können neben Geld auch in Form von Wirtschaftsgütern (Sachspenden), nicht aber in Nutzungen und Leistungen bestehen.

Freiwillig ist eine Spende immer dann, wenn sie ohne rechtliche Verpflichtung geleistet wird. Mitgliedsbeiträge, Umlagen, Bausteine etc. werden dem Sportverein durch Satzung oder Mitgliederbeschluss unmittelbar geschuldet.

Unentgeltlich ist eine Spende, wenn ihr keine Gegenleistung gegenübersteht bzw. zwischen Leistung und Gegenleistung kein unmittelbarer wirtschaftlicher Zusammenhang besteht. Als Spende nicht abzugsfähig sind deshalb Zahlungen, die im Rahmen eines Strafverfahrens auferlegt oder zum Erwerb von Eintrittskarten oder Losen geleistet werden. Problematisch sind die Fälle, in denen die gewährte Leistung zum einen als Gegenleistung, zum anderen als Spende bestehen soll. Hier kann nur im Schätzungswege eine Aufteilung erfolgen. Die »Spende« von Trikots mit Werbeaufdruck an einen Sportverein, die von den Sportlern bei öffentlichen Auftritten getragen werden, stellen für den Zahlenden Betriebsausgaben und für den Verein Einnahmen im wirtschaftlichen Geschäftsbetrieb — Werbung — dar.

Achtung !

Voraussetzung für Steuerbegünstigung: Zuwendungsbestätigung und Verwendungsbestätigung.

Damit beim Spendengeber eine Aufwendung steuerlich berücksichtigt werden kann, muss die Zuwendung beim Spendenempfänger für steuerbegünstigte Zwecke verwendet werden. Der Nachweis ist in einer Zuwendungsbestätigung zu führen, aus der folgende Angaben hervorgehen müssen: Name und Anschrift des Spendengebers, Name und Anschrift des Spendenempfängers, Zahlungsnachweis über die Höhe des Betrags und den Zeitpunkt der Zahlung, Nachweis, dass der Spendenempfänger zum begünstigten Personenkreis gehört, und schließlich die Verwendungsbestätigung des Empfängers. Dies gilt auch für Sachspenden.

Die Verwendung einer Sachspende eines gemeinnützigen Vereins im Rahmen einer Tombola, die ein Zweckbetrieb ist, gilt als für steuerbegünstigende Zwecke verwendet. Zuwendungsbestätigungen können selbst dann ausgestellt werden, wenn die Sachspende mit einem Werbeaufdruck versehen ist. Steht allerdings die Werbung bei einer Tombola im Vordergrund, so sind die Einnahmen als steuerpflichtiger wirtschaftlicher Geschäftsbetrieb zu erfassen (Werbeaufdruck auf den Losen).

Auch bei der Gewerbeertragsermittlung können alle Spenden gewerbesteuermindernd abgezogen werden, die bereits einkommen- oder körperschaftsteuerlich berücksichtigungsfähig sind.

! **Achtung**

Spenden sind für den Spender nur in dem Kalenderjahr abzugsfähig, in dem sie geleistet werden.

Spenden sind nur in der vom Gesetzgeber vorgeschriebenen Höhe von 20 % vom Gesamtbetrag der Einkünfte oder 4 ‰ der Summe der gesamten Umsätze und der im Kalenderjahr aufgewendeten Löhne und Gehälter abzugsfähig.

Der Haftungstatbestand des § 10b Abs. 4 EStG ist erfüllt, wenn

- die Zuwendungsbestätigung vorsätzlich oder grob fahrlässig falsch ausgestellt wurde, z. B. wenn bei Sachspenden ein überhöhter Wert festgelegt wird. Auch eine missbräuchliche Ausstellung von Spendenbestätigungen erfüllt in der Regel den Tatbestand der objektiven Steuerverkürzung und kann zur Aberkennung der Gemeinnützigkeit führen,

oder wenn

- die Zuwendungen nicht zu den in der Zuwendungsbestätigung angegebenen steuerbegünstigten Zwecken verwendet wurden. Jede steuerschädliche Verwendung der Zuwendungen führt grundsätzlich sofort zur Annahme der Haftung. Auf eine vorsätzlich oder grob fahrlässig falsche Verwendung kommt es nicht an. Auch in diesen Fällen kann die Aberkennung der Gemeinnützigkeit drohen.

Eine Spende, die vom Verein einem Zweckbetrieb zugeführt wird, ist als für steuerbegünstigte satzungsmäßige Zwecke verwendet anzusehen, weil ein Zweckbetrieb in seiner Gesamtrichtung dazu dienen muss, die steuerbegünstigten satzungsmäßigen Zwecke zu verwirklichen. Wird eine Spende mit der Bestimmung gegeben, sie in einem steuerschädlichen wirtschaftlichen Geschäftsbetrieb zu verwenden (wie z. B. Kuchen, Bier etc. für eine steuerpflichtige gesellige Veranstaltung), oder wird sie tatsächlich in dieser Weise verwendet (z. B. zur Ausstattung der Vereinsgaststätte oder zur Abdeckung des Verlustes aus steuerschädlichen wirtschaftlichen Geschäftsbetrieben), ist die notwendige Verwendung zu steuerbegünstigten Zwecken nicht gegeben.

Betriebsausgaben haben für Sponsoren allerdings den größeren Anreiz:

- Betriebsausgaben erfordern keinen gemeinnützigen Empfänger (Verein oder Verband),
- durch Betriebsausgaben können auch Einzelpersonen unterstützt werden,
- der Betriebsausgabenabzug ist der Höhe nach unbeschränkt und bei Verlust rück- oder vortragbar.

Betriebsausgaben sind Aufwendungen, die durch den Betrieb veranlasst sind. Dabei kann der Steuerpflichtige entscheiden, welche Aufwendungen er für sein Unternehmen machen will. Eine betriebliche Veranlassung liegt immer dann vor, wenn die Aufwendung in einem objektiven Zusammenhang mit dem Betrieb steht und subjektiv auch zur Förderung des Unternehmens beitragen kann.

Achtung !

Sponsoren erwarten eine Gegenleistung.

Beim Sponsoring werden mit dem Ziel eines Werbeeffektes Geld, Sachmittel, Know-how oder andere Organisationsleistungen an Sportler oder Sportorganisationen wie Vereine und Verbände bereitgestellt. Die Unternehmen erwarten neben den Steuervergünstigungen eine ganz konkrete Gegenleistung. Die Förderung des Sports steht dabei an zweiter Stelle.

Auf die Notwendigkeit, Üblichkeit oder Zweckmäßigkeit der Aufwendungen kommt es nicht an. Durch die Aufwendungen sollen günstige betriebliche Rahmenbedingungen geschaffen werden. Damit ist ein allgemeiner wirtschaftlicher Zusammenhang gegeben.

Gegenleistung für den Sponsor

Wirtschaftliche Vorteile erhält der Sponsor z. B. durch werbewirksame Hinweise des Gesponserten auf:

- Plakaten,
- Veranstaltungshinweisen,
- Ausstellungskatalogen,
- Fahrzeugen,
- anderen Gegenständen.

Im Sport sind z. B. folgende Formen der Werbung denkbar:

- Bandenwerbung,
- Inseratenwerbung,
- Trikotwerbung,
- Lautsprecherwerbung,
- Werbung auf Fahrzeugen,
- Werbung auf Sportgeräten,
- Werbung auf der Homepage des Vereins.

Auch die Berichterstattung in Zeitungen, Rundfunk oder Fernsehen kann auf das Unternehmen oder auf Produkte des Sponsors aufmerksam machen. Die Teilnahme an Pressekonferenzen ermöglicht dem Sponsor ebenfalls, auf sein Unternehmen bzw. seine Produkte hinzuweisen.

Wirtschaftliche Vorteile für das Unternehmen des Sponsors können auch dadurch erreicht werden, dass der Sponsor durch Verwendung des Namens, von Emblemen oder Logos des Empfängers (Verein oder Verband) oder in anderer Weise öffentlichkeitswirksam auf seine Leistungen aufmerksam macht.

Höhe der Betriebsausgaben

! **Achtung**

Leistung und Gegenleistung müssen in angemessenem Verhältnis stehen.

Die Aufwendungen dürfen auch dann als Betriebsausgaben abgezogen werden, wenn die Geld- oder Sachleistungen des Sponsors und die erstrebten Werbeziele für das Unternehmen nicht gleichwertig sind. Bei einem krassen Missverhältnis zwischen den Leistungen des Sponsors und dem Gegenwert durch den Gesponserten ist der Betriebsausgabenabzug allerdings zu versagen.

Im Zusammenhang mit dem Veranstaltungs-Sponsoring werden oftmals kostenlos Eintrittskarten und Bewirtungen an Geschäftsfreunde, einflussreiche Persönlichkeiten der Branche, der Medien und des öffentlichen Lebens ausgegeben (sog. VIP-Maßnahmen).

- Soweit die »very important persons« (VIPs) nicht als (potenzielle) Geschäftspartner oder Kontaktpersonen zur Pflege geschäftlicher Beziehungen eingeladen werden, kommt ein Betriebsausgabenabzug grundsätzlich nicht in Betracht. Dies ist z. B. der Fall, wenn Freunde und Bekannte des Sponsors eingeladen werden.
- Im Übrigen liegen Betriebsausgaben vor, deren Abzugsfähigkeit sich nach einkommensteuerrechtlichen Vorschriften richtet.

Werden VIP-Eintrittskarten zur privaten Verwendung unentgeltlich überlassen, liegen Geschenke vor, die nur beschränkt als Betriebsausgaben abzugsfähig sind. Je Kunde und Kalenderjahr dürfen insgesamt nur 35 Euro (ohne USt) berücksichtigt werden. Bei Überschreiten dieser Freigrenze wird der gesamte Betrag nicht zum Betriebsausgabenabzug zugelassen.

Aufwendungen für die unentgeltliche Bewirtung anlässlich der privaten Verwendung der VIP-Karten sind ebenfalls nur beschränkt abzugsfähig. Als Betriebsausgaben werden lediglich 70 % der Aufwendungen anerkannt.

Im Übrigen empfiehlt sich, im Zusammenhang mit Sponsoring die beiden BMF-Schreiben vom 22.08.2005, BStBl I S. 845 und vom 30.03.2006, BStBl I S. 307 heranzuziehen.

Besteuerung beim Empfänger

Der größte Teil des Erlasses befasst sich mit der Besteuerung des Sponsors. Lediglich zwei Ziffern sind der Besteuerung des Gesponserten gewidmet.

Die im Zusammenhang mit dem Sponsoring erhaltenen Leistungen können, wenn der Empfänger ein steuerbegünstigter Verein ist, steuerfreie Einnahmen im ideellen Bereich, im Bereich der Vermögensverwaltung oder aber steuerpflichtige Einnahmen eines wirtschaftlichen Geschäftsbetriebs sein.

Ein Korrespondenzprinzip gibt es dabei nicht. Die steuerliche Behandlung der Leistungen beim Verein oder Verband hängt grundsätzlich nicht davon ab, wie die entsprechenden Aufwendungen beim leistenden Unternehmen behandelt werden.

Einnahmen im ideellen Bereich sind neben den Mitgliedsbeiträgen, Zuschüssen und Spenden künftig auch Leistungen der Sponsoren. Dem gesponserten Verein darf aber keine Gegenleistung abverlangt werden und er darf diese auch nicht von sich aus erbringen.

! **Beispiel: Einnahme im ideellen Bereich**

Ein Sportverein erhält von einem Unternehmer einen Betrag in Höhe von 1.500 Euro. Eine Leistung seitens des Vereins ist damit nicht verbunden. Lediglich in der Vereinszeitschrift wird unter der Rubrik »Gönner und Förderer des Vereins« auf die Unterstützung hingewiesen.

Steuerliche Beurteilung:

- beim Unternehmer: Entnahme und Spende nach § 10b EStG
- beim Verein: ideeller Bereich; keine Umsatzsteuer.

Danach liegen Einnahmen aus dem begünstigten Bereich (Vermögensverwaltung = 7 % USt) vor, wenn der Verein dem Sponsor nur die Nutzung seines Namens zu Werbezwecken gestattet. Der Sponsor weist in diesen Fällen selbst zu Werbezwecken oder zur Imagepflege auf seine Unterstützung an den gemeinnützigen Verein hin.

Ein wirtschaftlicher Geschäftsbetrieb liegt auch dann nicht vor, wenn der Verein z. B. auf Plakaten, Veranstaltungshinweisen, in Ausstellungskatalogen oder in anderer Weise auf die Unterstützung durch den Sponsor hinweist. Dieser Hinweis kann unter Verwendung des Namens, Emblems oder Logos des Sponsors, jedoch ohne besondere Hervorhebung, erfolgen.

Vermögensverwaltung

Einnahmen aus der Vermögensverwaltung sind z. B. Zinseinnahmen, Miet- und Pachteinnahmen aus langfristiger Vermietung eigener oder gemieteter Grundstücke und Gebäude sowie Pachteinnahmen aus zeitlich begrenzter Überlassung von Rechten.

Beispiele zur steuerfreien Vermögensverwaltung !

Fall 1:

Ein Fußballverein erhält von verschiedenen Unternehmen jeweils Beträge zwischen 1.000 Euro und 5.000 Euro für die Durchführung eines Fußballturniers. Entsprechend den Vereinbarungen druckt der Verein in der unteren Zeile seiner Plakate für das Fußballturnier die Namen der Firmen mit dem jeweiligen Firmenlogo ab mit dem Hinweis »Wir danken den Sponsoren, die uns das Fußballturnier ermöglicht haben«.

Steuerliche Beurteilung:

- bei den Unternehmen: Betriebsausgaben
- beim Verein: steuerfreie Vermögensverwaltung; Umsatzsteuer 7 %

Fall 2:

Eine Bank gibt einem kulturellen Verein einen Betrag von 50.000 Euro. In ihren Werbeanzeigen weist sie auf die Unterstützung des Vereins hin.

Steuerliche Beurteilung:

- bei der Bank: Betriebsausgaben
- beim Verein: steuerfreie Vermögensverwaltung; (nur Duldung der Nutzung des Namens zu Werbezwecken); Umsatzsteuer 7 %

Die entgeltliche Übertragung von Werberechten, z. B. Bandenwerbung, Inseratenwerbung, Lautsprecherwerbung an Werbeunternehmer, fällt unter die ertragsteuerfreie Vermögensverwaltung. Voraussetzung dabei ist, dass:

- personelle Trennung zwischen Verein und Werbepächter besteht,
- dem Werbepächter ein angemessener Restgewinn verbleibt,
- der Verein an der Werbung nicht aktiv mitwirkt.

Die entgeltliche Übertragung der Werberechte auf Sportkleidung und Sportgeräten ist keine ertragsteuerfreie Vermögensverwaltung. Der Verein wirkt hier aktiv an der Werbung mit. Damit ist ein steuerpflichtiger wirtschaftlicher Geschäftsbetrieb gegeben.

Keine Leistung des Sponsorempfängers

Lt. einem BMF-Schreiben vom 13.11.2012 liegt keine Leistung durch aktives Tun, Dulden oder Unterlassen des Sponsorempfängers vor, wenn der Sponsor — ohne besondere Hervorhebung — namentlich nur erwähnt wird. Hierzu gilt ab 01.01.2013 Folgendes:

Weist der Empfänger von Zuwendungen aus einem Sponsoringvertrag

- auf Plakaten,
- in Veranstaltungshinweisen,
- in Ausstellungskatalogen,
- auf seiner Internetseite

oder in anderer Weise auf die Unterstützung durch den Sponsor lediglich hin, erbringt er insoweit keine Leistung im Rahmen eines Leistungsaustauschs.

Dieser Hinweis kann unter Verwendung

- des Namens oder
- Logos des Sponsors,

jedoch **ohne besondere Hervorhebung oder Verlinkung** zu dessen Internetseiten erfolgen.

Ergebnis: Die Einnahmen sind nach Abschnitt 1.1 Abs. 23 UStAE umsatzsteuerfrei.

Wirtschaftlicher Geschäftsbetrieb

Ein wirtschaftlicher Geschäftsbetrieb ist eine selbstständige nachhaltige Tätigkeit, durch die Einnahmen oder andere wirtschaftliche Vorteile erzielt werden und die über den Rahmen einer Vermögensverwaltung hinausgeht. Die Absicht, Gewinn zu erzielen, ist nicht erforderlich. Eine Vermögensverwaltung liegt in der Regel vor, wenn Vermögen genutzt, zum Beispiel Kapitalvermögen verzinslich angelegt oder unbewegliches Vermögen vermietet oder verpachtet wird.

Für die Besteuerung des wirtschaftlichen Geschäftsbetriebs gibt es zwei Gründe:

- Wirtschaftliche Geschäftsbetriebe tragen nicht unmittelbar zur Verwirklichung der gemeinnützigen Zwecke bei, für die der Verein steuerbegünstigt ist, und
- sie treten in Wettbewerb zu anderen nicht steuerbegünstigten Gewerbetreibenden und müssen aus Gründen der Gleichbehandlung wie diese besteuert werden.

Beispiele zum steuerpflichtiger wirtschaftlicher Geschäftsbetrieb !

Fall 1:

Die Getränkefirma X zahlt einem gemeinnützigen Sportverein einen Betrag in Höhe von 20.000 Euro. Dafür verpflichtet sich der Verein, mehrmals ganzseitige Werbeanzeigen der Getränkefirma in seinem Stadionblatt aufzunehmen und zusätzlich auf Plakaten (zusammen mit dem Markenzeichen der Firma X) den Hinweis zu drucken: »Diese Veranstaltung wurde gefördert von der Getränkefirma X.«

Steuerliche Beurteilung:

- bei der Getränkefirma: Betriebsausgaben.
- beim Verein: steuerpflichtiger wirtschaftlicher Geschäftsbetrieb »Werbung« (aufgrund Anzeigengeschäft wird unschädlicher Rahmen überschritten, da in diesen Fällen i. d. R. eine einheitliche Werbeleistung vorliegt, die nicht aufgeteilt werden kann). Unmittelbare Betriebsausgaben nur noch in tatsächlicher Höhe abzugsfähig, Umsatzsteuer Regelsteuersatz.

Fall 2:

Ein Bauunternehmen »spendet« an einen Sportverein Trainingsanzüge und Trikots mit Werbeaufdruck (z. B. auch Firmenlogo) für alle aktiven Vereinsmitglieder. Der Verein verpflichtet sich, dass diese Sportkleidung von den Spielern anlässlich ihrer öffentlichen Auftritte getragen werden muss.

Steuerliche Beurteilung:

- beim Bauunternehmen: Betriebsausgaben.
- beim Verein: steuerpflichtiger wirtschaftlicher Geschäftsbetrieb »Werbung«, Einbeziehung des Werts der Trikots in Besteuerungsgrenze von 35.000 Euro, tatsächlicher Betriebsausgabenabzug, Umsatzsteuer Regelsteuersatz.

Werbung auf der Homepage des Vereins

Bei der Werbung im Internet kommt es darauf an, ob das Logo des Sponsors auf der Homepage des Vereins verlinkt ist oder nicht.

- ohne Link = Vermögensverwaltung mit 7 % USt,
- mit Link = wirtschaftlicher Geschäftsbetrieb mit 19 % USt.

Trikotwerbung im Jugendbereich

Ein gemeinnütziger Sportverein, der unentgeltlich Trikots für seine Bambini und D- bis F-Jugendmannschaften von einem Unternehmen mit dessen Werbeaufdruck erhält und sich nicht verpflichtet, die Trikots bei den Spielen zu nutzen, erbringt nach einem Urteil des FG Köln v. 17.02.2006 keine steuerbare Werbeleistung, wenn allenfalls eine geringe Werbewirksamkeit beim Tragen der Trikots zu erwarten ist. Aus Sicht des Sponsors dürfte bei vergleichbarem Sachverhalt eine unentgeltliche Wertabgabe gem. § 3 Abs. 1b Satz 1 Nr. 3 UStG vorliegen. Es liegen Sachspenden an Vereine vor (Abschn. 24b Abs. 8 Satz 8 UStR). Ob das so im Sinne des Sponsors ist, sei dahingestellt!

Sponsoringvertrag

Auch wenn es keinen Formzwang für Sponsoringverträge gibt, sollte aus Gründen der Rechtssicherheit über schriftliche Vereinbarungen nachgedacht werden. Für die Lizenzierung verlangen manche Sportverbände entsprechende Nachweise über Sponsoringeinnahmen.

Inhalte eines Sponsoringvertrags

- Präambel
- Leistung des Sponsors
- Gegenleistung des Gesponserten
- Ausschließlichkeit
- Wohlverhalten, Unterrichtung, Vertraulichkeit, Zweckbindung
- Persönliche Leistung, Abtretbarkeit
- Haftungsausschluss, -begrenzung, Erfüllungsinteresse
- Sicherheitsleistung, Vertragsstrafe, Aufrechnung
- Vertragslaufzeit, Optionsrechte
- Vorzeitige Vertragsbeendigung, Rückgewähr von Leistungen
- Vertragsanpassungsregelung
- Schriftform, Zugang von Erklärungen
- Erfüllungsort und Gerichtsstandvereinbarung, salvatorische Klausel

Die steuerliche Behandlung von sportlichen Veranstaltungen

Einführung

Für sportliche Veranstaltungen besteht in der Regel Steuerpflicht, die abhängig vom Veranstaltungsrahmen, vom Geschäftsbetrieb und den teilnehmenden Sportlern ist.

Allgemeines § 51 AO

Gewährt das Gesetz eine Steuervergünstigung, weil eine Körperschaft ausschließlich und unmittelbar gemeinnützige, mildtätige oder kirchliche Zwecke (steuerbegünstigte Zwecke) verfolgt, so gelten die folgenden Vorschriften. Unter Körperschaften sind die Körperschaften, Personenvereinigungen und Vermögensmassen im Sinne des Körperschaftsteuergesetzes zu verstehen. Funktionale Untergliederungen (Abteilungen) von Vereinen gelten nicht als selbstständige Steuersubjekte.

Selbstlosigkeit § 55 AO

Eine Förderung oder Unterstützung geschieht selbstlos, wenn dadurch nicht in erster Linie eigenwirtschaftliche Zwecke — zum Beispiel gewerbliche Zwecke oder sonstige Erwerbszwecke — verfolgt werden und wenn die folgenden Voraussetzungen gegeben sind:

- Mittel des Vereins dürfen nur für die satzungsmäßigen Zwecke verwendet werden.
- Die Mitglieder dürfen keine Gewinnanteile und in ihrer Eigenschaft als Mitglieder auch keine sonstigen Zuwendungen aus Mitteln des Vereins erhalten.

Steuerlich unschädliche Betätigungen § 58 AO

Die Steuervergünstigung wird nicht dadurch ausgeschlossen, dass ein Sportverein neben dem unbezahlten auch den bezahlten Sport fördert.

Die Förderung des bezahlten Sports ist nur neben dem im Vordergrund stehenden Amateursport gemeinnützigkeitsunschädlich. Bei Unterschreiten der Zweckbetriebsgrenze dürfen bezahlte Sportler auch aus ideellen Mitteln steuerunschädlich bezahlt werden. Wird die Zweckbetriebsgrenze allerdings überschritten, ist die Gemeinnützigkeit nur dann nicht gefährdet, wenn die Vergütungen oder anderen Vorteile an bezahlte Sportler aus den steuerpflichtigen wirtschaftlichen Geschäftsbetrieben oder von Dritten geleistet werden. Ein Sportverein darf keine dem Sport nahestehende Tätigkeit fördern, die nicht selbst als gemeinnützig anerkannt ist.

Anforderungen an die tatsächliche Geschäftsführung § 63 AO

Der Verein hat den Nachweis, dass seine tatsächliche Geschäftsführung den notwendigen Erfordernissen entspricht, durch ordnungsgemäße Aufzeichnungen über seine Einnahmen und Ausgaben zu führen.

! **Achtung**

Missbrauch der steuervergünstigenden Regelung führt zum Verlust der Gemeinnützigkeit.

Verfolgt ein Verein einen steuerbegünstigten Zweck, der nicht mit den in der Satzung festgelegten Satzungszwecken übereinstimmt, und gibt der Verein diesen Zweck nicht auf oder ändert seine Satzung nicht, können die Steuervergünstigungen nicht gewährt werden. Die tatsächliche Geschäftsführung umfasst auch die Ausstellung steuerlicher Zuwendungsbestätigungen; Missbräuche auf diesem Gebiet wie das Ausstellen von Gefälligkeitsbescheinigungen bedeuten den Verlust der Gemeinnützigkeit. Den Nachweis der tatsächlichen Geschäftsführung muss ein Verein sowohl nach bürgerlichrechtlichen als auch nach steuerrechtlichen Bestimmungen durch ordnungsgemäße Aufzeichnungen über Einnahmen und Ausgaben erbringen. Unter bestimmten Umständen besteht steuerrechtlich sogar Buchführungspflicht. Die Aufzeichnungen sollten für die Einnahmen-Überschuss-Rechnung die einzelnen Tätigkeitsbereiche darlegen. Meldepflichtige Ereignisse, wie z. B. Erwerb der Rechtsfähigkeit, Änderung der Rechtsform, Verlegung der Geschäftsleitung oder des Sitzes, Beschlüsse, durch die für steuerliche Vergünstigungen wesentliche Satzungsbestimmungen geändert werden sollen, und die Auflösung sind innerhalb eines Monats dem Finanzamt zu melden.

Zweckbetrieb § 65 AO

Ein Zweckbetrieb ist gegeben, wenn

- der wirtschaftliche Geschäftsbetrieb in seiner Gesamtrichtung dazu dient, die steuerbegünstigten satzungsmäßigen Zwecke des Vereins zu verwirklichen,
- die Zwecke nur durch einen solchen Geschäftsbetrieb erreicht werden können und
- der wirtschaftliche Geschäftsbetrieb zu nicht begünstigten Betrieben derselben oder ähnlicher Art nicht in größerem Umfang in Wettbewerb tritt, als es bei Erfüllung der steuerbegünstigten Zwecke unvermeidbar ist.

Wirtschaftlicher Geschäftsbetrieb § 14 AO

Ein wirtschaftlicher Geschäftsbetrieb ist eine selbstständige nachhaltige Tätigkeit, durch die Einnahmen oder andere wirtschaftliche Vorteile erzielt werden und die über den Rahmen einer Vermögensverwaltung hinausgeht. Die Absicht, Gewinn zu erzielen, ist nicht erforderlich. Eine Vermögensverwaltung liegt in der Regel vor, wenn Vermögen genutzt wird. Zum Beispiel, wenn Kapitalvermögen verzinslich angelegt oder unbewegliches Vermögen vermietet oder verpachtet wird.

Für die Annahme eines wirtschaftlichen Geschäftsbetriebs müssen sämtliche in § 14 AO aufgeführten Merkmale erfüllt sein. Selbstständigkeit bedeutet die sachliche Selbstständigkeit, d. h., die Betätigung hebt sich von der Gesamtbetätigung des Vereins ab und bildet keine Einheit. Nachhaltigkeit ist bereits dann gegeben, wenn eine Tätigkeit auf Wiederholung angelegt ist. Tritt ein Verein mit seiner Tätigkeit in Konkurrenz zu anderen nicht steuerbegünstigten Unternehmen, nimmt er am wirtschaftlichen Verkehr teil. Weitere Voraussetzung ist, dass der Verein Einnahmen oder sonstige wirtschaftliche Vorteile (= ersparte Aufwendungen) erzielt. Nicht erforderlich ist aber eine Gewinnerzielung. Wird Vereinsvermögen durch Dritte gegen Entgelt genutzt, z. B. Verzinsung von Kapitalvermögen, Vermietung von unbeweglichem Vermögen, bewegt sich der Verein im Bereich der ertragsteuerfreien Vermögensverwaltung.

! **Wichtig**

Für wirtschaftliche Geschäftsbetriebe, die keine Zweckbetriebe sind, kommen Steuervergünstigungen nicht infrage.

Vermietung von Sportanlagen

Nicht zu den sportlichen Veranstaltungen zählt die Überlassung von Sportanlagen, da hier nur die Möglichkeit zur Ausübung des Sports geschaffen wird.

Einnahmen aus der Vermietung von Sportanlagen auf längere Dauer von mindestens sechs Monaten gehören zum steuerfreien Bereich der Vermögensverwaltung.

Bei der Vermietung auf kurze Dauer (z. B. stundenweise Vermietung, auch wenn diese für einen längeren Zeitraum im Voraus festgelegt wird) an Mitglieder liegen Einnahmen im Zweckbetrieb nach § 65 AO vor. Eine Berücksichtigung bei Berechnung der Zweckbetriebsgrenze entfällt deshalb. Die kurzfristige Vermietung an Nichtmitglieder stellt einen wirtschaftlichen Geschäftsbetrieb dar.

Sportliche Veranstaltungen § 67a AO

1. Sportliche Veranstaltungen eines Sportvereins sind ein Zweckbetrieb, wenn die Einnahmen einschließlich Umsatzsteuer insgesamt 45.000 Euro im Jahr nicht übersteigen. Der Verkauf von Speisen und Getränken sowie die Werbung gehören nicht zu den sportlichen Veranstaltungen.
2. Der Sportverein kann dem Finanzamt bis zur Unanfechtbarkeit des Körperschaftsteuerbescheids erklären, dass er auf die Anwendung des § 67a Abs. 1 Satz 1 verzichtet. Die Erklärung bindet den Sportverein für mindestens fünf Veranlagungszeiträume.
3. Wird auf die Anwendung des Abs. 1 Satz 1 AO verzichtet, sind sportliche Veranstaltungen eines Sportvereins ein Zweckbetrieb, wenn
   - kein Sportler des Vereins teilnimmt, der für seine sportliche Betätigung oder für die Benutzung seiner Person, seines Namens, seines Bildes oder seiner sportlichen Betätigung zu Werbezwecken von dem Verein oder einem Dritten über eine Aufwandsentschädigung hinaus Vergütungen oder andere Vorteile erhält und

- kein anderer Sportler teilnimmt, der für die Teilnahme an der Veranstaltung von dem Verein oder einem Dritten im Zusammenwirken mit dem Verein über eine Aufwandsentschädigung hinaus Vergütungen oder andere Vorteile erhält.

Andere sportliche Veranstaltungen sind ein steuerpflichtiger wirtschaftlicher Geschäftsbetrieb. Dieser schließt die Steuervergünstigung nicht aus, wenn die Vergütungen oder anderen Vorteile ausschließlich aus wirtschaftlichen Geschäftsbetrieben, die nicht Zweckbetrieb sind, oder von Dritten geleistet werden.

Sportliche Veranstaltungen sind solche, bei denen — neben den Beiträgen — zusätzliche Einnahmen erzielt werden; z. B. durch:

- Ablösezahlungen,
- anteilige Einnahmen aus Pokalspielen,
- Einnahmen aus Fernsehübertragungsrechten,
- Einnahmen aus Rundfunkübertragungsrechten,
- Eintrittsgelder,
- Kursgebühren,
- Einnahmen aus Sportreisen,
- Teilnehmergebühren, Startgelder, Meldegelder,
- Verkauf von Programmheften.

Zu den sportlichen Veranstaltungen zählen auch Sportreisen und die Erteilung von Sportunterricht an Mitglieder und Nichtmitglieder. Eine Sportreise ist nur dann eine sportliche Veranstaltung, wenn aktive Sportler teilnehmen und die sportliche Betätigung wesentlicher und notwendiger Bestandteil der Reise ist. Das Betreiben von Vereinsheimen oder Vereinsgaststätten ist keine »sportliche Veranstaltung«, auch wenn sich das Angebot nur an Mitglieder richtet.

Häufig werden bei sportlichen Veranstaltungen gesellige/gewerbliche Show-Einlagen oder umgekehrt geboten. Bei diesen sportlich-geselligen Veranstaltungen kann es deshalb zweifelhaft sein, ob eine steuerbegünstigte sportliche Veranstaltung oder eine steuerpflichtige gesellige Veranstaltung gegeben ist.

! **Beispiel: Steuerbegünstigte sportliche Veranstaltung 1**

Ein Tanzsportclub veranstaltet alljährlich einen Ball. Beginn des Balls ist um 20.00 Uhr. Nach der Begrüßung des 1. Vorsitzenden findet ein Tanzturnier statt. In den Pausen und nach Ende des Turniers ab 23.00 Uhr ist für das Publikum (überwiegend aktive Tänzer/-innen des veranstaltenden und anderer Clubs) Tanz angesagt. Ende des Balls ist um 1.00 Uhr. Es wird ein einheitlicher Eintrittspreis, der auch die Bewirtung einschließt, erhoben.

Die Zusammensetzung des Publikums spielt für die Frage einer sportlichen Veranstaltung keine Rolle. Der zeitliche Rahmen qualifiziert den Ball aber zur steuerbegünstigten sportlichen Veranstaltung. Der einheitliche Eintrittspreis ist gegebenenfalls im Wege der Schätzung in einen Entgeltsanteil für die sportliche Veranstaltung und in einen Entgeltsanteil für die Bewirtung aufzuteilen.

! **Beispiel: Steuerpflichtige gesellige Veranstaltung**

Nach § 2 der Satzung bestand der Zweck eines Tanzsportclubs im Betreiben von Leistungstanzsport und der Nachwuchsförderung, insbesondere für den Formationstanz. Der Verein nahm an Regional- und Bundesligaturnieren teil. Er beteiligte sich an nationalen und internationalen Meisterschaften. Er führte außerdem gegen Entgelt Schauauftritte durch. Das Finanzamt beurteilte die Schauauftritte als steuerpflichtigen wirtschaftlichen Geschäftsbetrieb und unterwarf die entsprechenden Einnahmen mit dem Regelsteuersatz der Umsatzsteuer.

Das Finanzgericht (FG) und der Bundesfinanzhof (BFH) zählen zu den sportlichen Veranstaltungen alle Veranstaltungen, bei denen aktive Sportler Sport treiben. Es ist nicht erforderlich, dass der Sportverein selbst Organisator ist und es sich um eine eigene Veranstaltung des Vereins handelt. Eine sportliche Veranstaltung kann daher auch dann vorliegen, wenn ein Sportverein im Rahmen einer anderen Veranstaltung eine sportliche Darbietung präsentiert. Die andere Veranstaltung braucht nicht notwendigerweise die sportliche Veranstaltung eines Sportvereins zu sein. Die Einnahmen aus Showauftritten sind mit 7 % umsatzsteuerpflichtig.

! **Beispiel: Steuerbegünstigte sportliche Veranstaltung 2**

Ein steuerbegünstigter gemeinnütziger Sportkreis führt einen Sportlerball durch. Eintrittsgelder werden erhoben. Die Bewirtung wird von einem selbstständigen Gastronomen durchgeführt. Von 20.00 bis 21.00 Uhr werden nach der Eröffnung und Begrüßung die erfolgreichsten Sportler geehrt. Anschließend erfreuen sportliche Dar-

bietungen der Mitgliedsvereine bis 22.30 Uhr die Anwesenden. Ab 23.00 Uhr ist dann die Arena frei für die zahlenden Zuschauer. Um 24.00 Uhr wird der Sportlerball offiziell beendet, wobei die Band bis ca. 1.00 Uhr weiterspielt.

Für die Frage, ob der sportliche oder der gesellige Teil der Veranstaltung überwiegt, können die Ehrung der Sportler (eigentlicher ideeller Bereich) und die sportlichen Einlagen zusammengerechnet werden. Auch in diesem Fall wird man insgesamt noch eine sportliche Veranstaltung annehmen können.

Wichtig !

Der Charakter der Veranstaltung (steuerbegünstigt oder steuerpflichtig) richtet sich nach der zeitlichen Ausgestaltung der einzelnen Veranstaltung.

Die sportlichen Veranstaltungen sind ein Zweckbetrieb, wenn die Bruttoeinnahmen (inkl. Umsatzsteuer) aus allen sportlichen Veranstaltungen eines Kalenderjahrs 45.000 Euro nicht übersteigen. Es ist dabei unerheblich, ob bezahlte oder unbezahlte Sportler daran teilgenommen haben, mit welchen Mitteln sie bezahlt wurden und ob Verluste mit ideellen Mitteln abgedeckt wurden.

Beispiele: Zweckbetriebsgrenze !

Bruttoeinnahmen aus sportlichen Veranstaltungen (keine Teilnahme von bezahlten Sportlern) = steuerbegünstigter Zweckbetrieb = keine Optionsmöglichkeit	28.000 EUR
Bruttoeinnahmen aus sportlichen Veranstaltungen (Teilnahme nur bezahlte Sportler) = steuerbegünstigter Zweckbetrieb = Optionsmöglichkeit gegeben	45.000 EUR
Bruttoeinnahmen aus sportlichen Veranstaltungen (Teilnahme bezahlter Sportler = Einnahmen 25.000 EUR; Teilnahme unbezahlter Sportler = Einnahmen 5.000 EUR) = steuerbegünstigter Zweckbetrieb = Optionsmöglichkeit bezüglich Veranstaltungen mit bezahlten Sportlern	30.000 EUR

Übersteigen die Einnahmen die Zweckbetriebsgrenze, sind alle sportlichen Veranstaltungen einschließlich der mit unbezahlten Sportlern steuerpflichtige wirtschaftliche Geschäftsbetriebe. Schließen diese Veranstaltungen mit einem Verlust ab, kann dieser gemeinnützigkeitsunschädlich nur mit Überschüssen aus anderen steuerpflichtigen wirtschaftlichen Geschäftsbetrieben und nicht mehr mit ideellen Mitteln ausgeglichen werden.

! **Beispiel: Überschreiten der Zweckbetriebsgrenze**

Eintrittsgelder sportliche Veranstaltungen (Einsatz eines bezahlten Sportlers)	5.000 EUR
Kursgebühren Sportunterricht (keine Teilnahme von bezahlten Sportlern, Bezahlung von Trainern, Übungsleitern unerheblich)	70.000 EUR
Gesamteinnahmen	75.000 EUR

Steuerpflichtiger wirtschaftlicher Geschäftsbetrieb, da Zweckbetriebsgrenze überschritten = Optionsmöglichkeit bezüglich Veranstaltungen mit bezahlten Sportlern.

Steuerliche Auswirkungen:

Eintrittsgelder sportliche Veranstaltungen (Einsatz eines bezahlten Sportlers)	5.000 EUR	
— Ausgaben bezahlter Sportler	— 25.000 EUR	
		— 20.000 EUR
Kursgebühren Sportunterricht (keine Teilnahme von bezahlten Sportlern)	70.000 EUR	
— Ausgaben Sportunterricht	— 20.000 EUR	
		50.000 EUR
Gesamtüberschuss		30.000 EUR

Steuerbelastung:

Überschuss sportliche Veranstaltungen	30.000 EUR
— Freibetrag	— 5.000 Euro
zu versteuerndes Einkommen	25.000 EUR

Ertragsteuer:

Körperschaftsteuer 15 %	3.750 EUR
Solidaritätszuschlag 5,5 %	206 EUR
Gewerbesteuer ca. 12 %	3.000 EUR

Verzichtet ein Sportverein auf die Anwendung des § 67a Abs. 1 AO, ist jede sportliche Veranstaltung für sich zu prüfen, ob ein Zweckbetrieb oder ein steuerpflichtiger wirtschaftlicher Geschäftsbetrieb anzunehmen ist. Sind die einzelnen sportlichen Veranstaltungen als Zweckbetrieb zu beurteilen, kommt es auf die Einnahmehöhe nicht an. Ob eine steuerpflichtige oder steuerfreie sportliche Veranstaltung gegeben ist, richtet sich nach dem Einsatz von bezahlten oder unbezahlten Sportlern. Sportliche Veranstaltungen, an denen kein bezahlter Sportler teilnimmt, sind stets ein Zweckbetrieb. Sportliche Veranstaltungen, an denen ein bezahlter Sportler teilnimmt, sind stets steuerpflichtiger wirtschaftlicher Geschäftsbetrieb.

Beispiel: Überschreiten der Zweckbetriebsgrenze (Fortführung) !

Steuerliche Auswirkungen bei Option:

Eintrittsgelder sportliche Veranstaltungen (Einsatz von einem bezahlten Sportler)	5.000 EUR
– Ausgaben bezahlter Sportler	– 25.000 EUR
Verlust wirtschaftlicher Geschäftsbetrieb	– 20.000 EUR

Der Verlust aus bezahlten sportlichen Veranstaltungen muss aus anderen wirtschaftlichen Geschäftsbetrieben ausgeglichen werden.

Kursgebühren Sportunterricht (keine Teilnahme von bezahlten Sportlern)	70.000 EUR
– Ausgaben Sportunterricht	– 20.000 EUR
Überschuss sportliche Veranstaltungen unbezahlter Sport	50.000 EUR

Es fällt keine Körperschaft- und Gewerbesteuer an, da es sich um einen steuerbegünstigten Zweckbetrieb handelt.

Erhaltene Ablösezahlungen gehören zu den Einnahmen aus sportlichen Veranstaltungen; sie sind deshalb mit in die Zweckbetriebsgrenze einzubeziehen.

Erhaltene Ablösesummen sind immer dann unproblematisch, wenn die Zweckbetriebsgrenze nicht überschritten ist.

Haben die Einnahmen aber 45.000 Euro überschritten oder ist aufgrund der Option ein steuerpflichtiger wirtschaftlicher Geschäftsbetrieb gegeben, gehören die erhaltenen Ablösesummen zum wirtschaftlichen Geschäftsbetrieb, wenn der Sportler in den letzten zwölf Monaten vor der Freigabe bezahlter Sportler war.

! **Achtung**

Die Zahlung von Ablösesummen ist uneingeschränkt zulässig, soweit es sich um einen steuerbegünstigten Zweckbetrieb handelt.

Transferentschädigungen sind Anschaffungskosten einer Spielerlaubnis. Diese Spielerlaubnis ist als immaterielles Wirtschaftsgut verkehrsfähig und demzufolge auf die Laufzeit des Arbeitsvertrags abzuschreiben. Diese Regelung wird auf vergleichbare Ablöseregelungen bei anderen Sportarten ebenso anzuwenden sein. Dies gilt insbesondere in den Fällen, in denen arbeitsvertragliche Regelungen vorliegen.

Wird die Zweckbetriebsgrenze überschritten oder per Option darauf verzichtet, können vom zahlenden Verein gemeinnützigkeitsunschädlich lediglich die Ausbildungskosten des abgebenden Vereins erstattet werden. Dies sind beim aufnehmenden Verein pauschal 2.557 Euro oder nachgewiesene höhere Ausbildungskosten, soweit es sich in den ersten zwölf Monaten um einen unbezahlten Sportler handelt. Für bezahlte Sportler gibt es keine Begrenzung der Ablösesumme. Allerdings muss die gezahlte Ablösesumme aus dem Einkommen der Gesamtheit der steuerpflichtigen wirtschaftlichen Geschäftsbetriebe geleistet werden.

Bei Spielgemeinschaften von Sportvereinen ist bei der Körperschaftsteuerveranlagung der einzelnen beteiligten Sportvereine zu entscheiden, ob ein Zweckbetrieb oder ein wirtschaftlicher Geschäftsbetrieb vorliegt. Auf die Qualifizierung der Einkünfte im Feststellungsbescheid für die Gemeinschaft kommt es dabei nicht an. Maßgebend für die Beurteilung, ob die Zweckbetriebsgrenze überschritten wird, sind die anteiligen Einnahmen und nicht der anteilige Überschuss. Gewerbesteuerpflichtig ist aber die BGB-Gesellschaft.

Beispiel: Körperschaftsteuerveranlagung !

Der Turnverein (TV) hat seine besten Basketballspieler aufgrund eines Vertrags dem bekannten Basketballverein (TSG) für eine Spielgemeinschaft (TSG/TV GbR) überlassen. Die Beteiligung an der GbR besteht je zur Hälfte. Die GbR spielt in der Bundesliga und erzielt im Kalenderjahr aus entgeltlichen sportlichen Veranstaltungen Bruttoeinnahmen (inkl. Umsatzsteuer) von 60.000 Euro und einen Überschuss von 10.000 Euro. Der Turnverein hat aus eigenen entgeltlichen sportlichen Veranstaltungen im Jahr Einnahmen in Höhe von 22.000 Euro.

Steuerliche Beurteilung bei der TSG/TV GbR

Die GbR ist selbstständige Unternehmerin, erhält eine eigene Steuernummer und muss ihren steuerlichen Verpflichtungen eigenständig nachkommen. Umsatzsteuerlich sind die Einnahmen in Höhe von 60.000 Euro der Umsatzsteuer zu unterwerfen.

Der Gewinn der Gesellschaft wird in einer einheitlichen und gesonderten Gewinnfeststellung festgestellt und jedem Gesellschafter in Höhe von je 5.000 Euro zugewiesen. Dies hat Bedeutung für eine etwaige Körperschaftsteuerpflicht.

Die GbR ist auch selbst gewerbesteuerpflichtig; sie hat allerdings einen jährlichen Freibetrag von 24.500 Euro beim Gewerbeertrag. Der Gewinn von 10.000 Euro führt somit zu keiner Gewerbesteuerbelastung.

Steuerliche Beurteilung beim Turnverein (TV)

Eigene Einnahmen aus sportlichen Veranstaltungen	22.000 EUR
anteilige Einnahmen TSG/TV GbR	30.000 EUR
Gesamteinnahmen aus sportlichen Veranstaltungen	52.000 EUR

Die Zweckbetriebsgrenze ist damit überschritten. Alle sportlichen Veranstaltungen werden dadurch automatisch zu einem wirtschaftlichen Geschäftsbetrieb; es sei denn, es werden keine bezahlten Sportler bei den eigenen als auch bei den der GbR zuzurechnenden sportlichen Veranstaltungen eingesetzt (Optionsmöglichkeit). Werden dagegen in der GbR bezahlte Spieler in den Spielbetrieb eingebunden, handelt es sich bei den sportlichen Veranstaltungen der GbR um einen wirtschaftlichen Geschäftsbetrieb. Der TV kann dann für diese Einnahmen nicht optieren; er hätte damit auch einen wirtschaftlichen Geschäftsbetrieb, da die Besteuerungsgrenze von 45.000 Euro in jedem Fall überschritten ist. Die GbR wäre mit den Einnahmen dann mit 19 % umsatzsteuerpflichtig.

Bezahlte/unbezahlte Sportler

Bezahlter Sportler ist, wer für seine sportliche Betätigung oder für die Benutzung seiner Person, seines Namens, seines Bildes oder seiner sportlichen Betätigung zu Werbezwecken bezahlt wird. Es ist dabei zwischen Sportlern des Vereins und anderen — vereinsfremden — Sportlern zu unterscheiden.

Als Sportler des Vereins gelten alle, die für den Verein auftreten. Bezahlter Sportler ist danach, wer vom Verein oder einem Dritten über eine Aufwandsentschädigung hinaus (unschädlich 400 Euro durchschnittlich pro Monat) Vergütungen erhält. Ist ein Sportler ab einem bestimmten Zeitpunkt im Kalenderjahr als bezahlter Sportler anzusehen, sind alle von seinem Verein in dem Kalenderjahr durchgeführten sportlichen Veranstaltungen, an denen der Sportler teilnimmt, ein steuerpflichtiger wirtschaftlicher Geschäftsbetrieb.

Nehmen vereinsfremde Sportler teil, gelten diese Sportler für den veranstaltenden Verein nur dann als bezahlte Sportler, wenn der Verein oder ein Dritter im Zusammenwirken mit dem Verein dem Sportler mehr als die tatsächlich dem Sportler entstandenen Kosten (Pauschale mit 400 Euro gilt nicht) vergütet.

Sportler, die einem bestimmten Verein, nicht aber selbst unmittelbar als Mitglied einem Sportverband angehören, sind bei Veranstaltungen des Verbands als vereinsfremde Sportler zu beurteilen. Aus Mitteln einer sportlichen Veranstaltung als Zweckbetrieb können für einen Amateursportler bis zu 2.556 Euro Ablösezahlungen geleistet werden. Höhere Beträge sind nachzuweisen.

Wer?	**Sportler des Vereins**	**anderer Sportler**
Von wem?	Verein oder Drittem (Sponsor)	Verein oder Drittem (Sponsor)
Wofür?	sportliche Betätigung oder als Werbeträger	sportliche Betätigung oder als Werbeträger
Was?	Vergütungen wie z. B. Preis-, Startgelder; Punkte-, Aufstiegs-, Torprämien; »pro-forma-Arbeitsverhältnis«	Vergütungen wie z. B. Preis-, Startgelder; Punkte-, Aufstiegs-, Torprämien; »pro-forma-Arbeitsverhältnis«
Was noch?	andere Vorteile, wie z. B. unentgeltliche/verbilligte Pkw- oder Wohnungsüberlassung, Verköstigung etc.	andere Vorteile wie z. B. unentgeltliche/verbilligte Pkw- oder Wohnungsüberlassung, Verköstigung etc.
Wann?	laufende Zahlung oder am Ende der Saison	laufende Zahlung oder am Ende der Saison
Was nicht?	pauschale Zahlungen bis zu 400 Euro im Monat; Zuwendungen der Deutschen Sporthilfe; tatsächlicher Nachweis höherer Kosten	tatsächlicher Nachweis höherer Kosten; Teilnahme bezahlter, nicht dem Verein angehörender Sportler, wenn Zahlung weder unmittelbar noch mittelbar durch veranstaltenden Verein erfolgt; Zahlung erfolgt an anderen Verein

Die organisatorische Regelung bietet sich mit dem Muster einer Bescheinigung bezahlter Sportler an:

Sportler Bescheinigung

Bestätigung
über
Leistungen (Vergütungen) Dritter (Sponsoren) anlässlich sportlicher
Veranstaltungen i. S. von § 67 a AO

Der/Die an der Veranstaltung teilnehmende Sportler(in)

Herr/Frau ....

in ....
(Straße) (Ort)

erklärt hiermit, dass er (sie) Geld- oder Sachleistungen (Vergütungen) **Dritter** (Sponsoren)

- ⇨ nicht ❑
- ⇨ in Höhe von .... €
- ⇨ als Pkw-Überlassung (Bruttolistenpreis) .... €
- ⇨ als Wohnungsüberlassung (ortsübliche Miete) .... €
- ⇨ Sonstige .... €

erhalten hat.

Gleichzeitig wird versichert, dass vom Verein oder der Abteilung

1.) Aufwandsentschädigungen an **Sportler des Vereins** (tritt regelmäßig für den Verein auf)
   - ⇨ im ∅ nicht mehr als 400 € monatlich (höchstens 4.800 € jährlich) ❑
   - ⇨ zzgl. / oder einzeln nachgewiesener Auslagenersatz ❑

   gezahlt worden sind;

2.) keine Beträge vom Verein oder einem Dritten im Zusammenwirken mit dem Verein an **andere Sportler** gezahlt wurden, die nicht eine Aufwandsentschädigung darstellen. Einzelnachweis ist immer erforderlich.

....
(Ort, Datum) Unterschrift des/der Sportler(in)

Der Sportler hat dem Verein die von einem Dritten gewährten Bezüge am Ende des jeweiligen Lohnzahlungszeitraums anzugeben (§ 38 Abs. 4 Satz 3 erster Halbsatz EStG).

Macht der Sportler keine oder eine erkennbar unrichtige Angabe, hat der BGB-Vorstand dies dem zuständigen Vereinsfinanzamt anzuzeigen (§ 38 Abs. 4 Satz 3 zweiter Halbsatz EStG).

Beispiel: Einnahmen aus wirtschaftlichem Geschäftsbetrieb !

Die 1. Fußballmannschaft hat einen Spielerkader von 21 Spielern (sieben bezahlte und 14 unbezahlte). Bei den Einnahmen aus sportlichen Veranstaltungen handelt es sich damit um solche aus wirtschaftlichem Geschäftsbetrieb.

Aufwendungen werden im Kalenderjahr folgende getätigt:	
Aufwandsentschädigungen an unbezahlte Spieler	
(14 Spieler × 300 EUR monatlich = 3.600 EUR jährlich)	50.400 EUR
Vergütungen an bezahlte Spieler	
(7 × Spieler 500 EUR monatlich = 6.000 EUR jährlich)	42.000 EUR
Trainer- und Trainingskosten	30.000 EUR
Gesamtaufwendungen	**122.400 EUR**

Der Sportverein kann die gesamten Aufwendungen von 122.400 Euro als Betriebsausgaben behandeln. Das bedeutet aber, dass diese Aufwendungen ausschließlich aus Einkünften der wirtschaftlichen Geschäftsbetriebe finanziert werden müssen.

Der Verein kann aber auch lediglich die Vergütungen an die bezahlten Spieler und die anteiligen Trainer- und Trainingskosten (1/3 = 10.000 Euro) als Betriebsausgaben behandeln. Die Aufwendungen an die unbezahlten Spieler könnten dann auch aus ideellen Mitteln bestritten werden, da die Aufwandspauschale von 400 Euro nicht überschritten wird.

Bei bestimmten, in § 50a EStG aufgeführten inländischen Einkünften beschränkt Steuerpflichtiger (= Personen ohne Wohnsitz oder gewöhnlichen Aufenthalt in Deutschland, auf die Staatsangehörigkeit kommt es nicht an), z. B. Sportler, wird die Einkommensteuer im Wege des Steuerabzugs an der Einkunftsquelle erhoben. Das bedeutet, dass der Auftraggeber (= Verein) i. d. R. zum Abzug von 15 % verpflichtet ist.

Beispiel: Inländischen Einkünften beschränkt Steuerpflichtiger !

Ein schwedischer Tischtennisspieler, der in Schweden seinen Wohnsitz hat, soll für einzelne Spiele verpflichtet werden. Es ist dabei von einer Jahresvergütung von 40.000 Euro auszugehen. Der Spieler kommt nur zu den Spielen nach Deutschland. Er ist nicht verpflichtet, an Trainingsmaßnahmen teilzunehmen. Auch das Doppelbesteuerungsabkommen zwischen Deutschland und Schweden besagt nichts anderes. Nach Art. 4i DBA Schweden kann der Quellenstaat (im vorliegenden Fall: Deutschland) die Einkünfte von Künstlern und Sportlern besteuern, soweit sie aus einer dort ausgeübten und auftrittsbezogenen Tätigkeit erzielt werden. Im vorliegenden Fall

kann dem Sportler nur ausbezahlt werden:

Jahresvergütung	40.000,00 EUR
— Abzugssteuer § 50a EStG 15 %	— 6.000,00 EUR
— Solidaritätszuschlag 5,5 %	— 330,00 EUR
— Umsatzsteuer 19 %	— 6.387,00 EUR
Auszahlungsbetrag	**27.283,00 EUR**

Bei Nichtabführung (= Vollauszahlung an Sportler) der Abgaben an das Finanzamt ist von folgender Berechnung auszugehen:

Jahresvergütung	40.000,00 EUR
+ 21,99 % Abzugssteuer nach § 50a Abs. 4 EStG	8.796,00 EUR
	48.796,00 EUR
+ 1,21 % nach § 3 Abs. 1 SolZG	484,00 EUR
	49.280,00 EUR
+ 23,41 % nach § 12 UStG	9.364,00 EUR
Brutto-Vergütung	**58.644,00 EUR**

Kontrollrechnung:

Bruttovergütung	58.644,00 EUR
— 15 % Abzugssteuer	— 8.796,00 EUR
— 5,5 % Solidaritätszuschlag	— 483,00 EUR
— 19 % Umsatzsteuer	— 9.364,00 EUR

Weitere — vom Verein oder einem Dritten — übernommene Kosten, wie z. B. Reisekosten, Unterbringung etc., sind in die Bemessungsgrundlage einzubeziehen und erhöhen die Abgaben.

Die Steuer entsteht in dem Zeitpunkt, in dem die Vergütungen zufließen. Der Verein hat die innerhalb eines Kalendervierteljahrs einbehaltene Steuer jeweils bis zum 10. des dem Kalendervierteljahr folgenden Monats an das für ihn zuständige Finanzamt abzuführen.

Reingewinnschätzung – Sonderregelung für Werbeeinnahmen

Einführung

Ab dem Jahr 2000 wurde rückwirkend durch das Gesetz zur Änderung des InvZulG vom 20.12.2000 eine Sonderregelung für bestimmte Werbemaßnahmen durch eine Reingewinnschätzung eingeführt. Dies soll Anlass dafür sein, auf die Möglichkeiten der Reingewinnschätzung im Vereinssteuerrecht hinzuweisen. Bei Überschreiten der Besteuerungsgrenze von 35.000 Euro der Bruttoeinnahmen und des Gewinnfreibetrags von 5.000 Euro gewinnt die Anwendung der Reingewinnschätzung an Bedeutung. Sehr häufig sind die unmittelbar abzugsfähigen Ausgaben minimal oder aber es gibt gar keine, da es sich um gespendete Sachen handelt. Ohne die Möglichkeit der Reingewinnschätzung wäre der steuerpflichtige Gewinn mit der Höhe der Einnahmen identisch.

Wann lässt der Gesetzgeber eine Reingewinnschätzung zu?

§ 64 Abs. 5 AO: Überschüsse aus der Verwertung unentgeltlich erworbenen Altmaterials außerhalb einer ständig dafür vorgehaltenen Verkaufsstelle, die der Körperschaft- und der Gewerbesteuer unterliegen, können in Höhe des branchenüblichen Reingewinns geschätzt werden.

Einnahmen aus Altmaterialsammlungen müssen bei der Besteuerungsgrenze berücksichtigt werden. Aufgrund der gesetzlichen Sonderregelung hat der Verein ein Wahlrecht zur Ermittlung der Überschüsse aus diesen Altmaterialsammlungen. Neben der Ermittlung nach allgemeinen Grundsätzen kann der Überschuss auch in Höhe des branchenüblichen Reingewinns geschätzt werden. Der branchenübliche Reingewinn beträgt bei der Verwertung von Altpapier 5 % und bei der Verwertung von anderem Altmaterial 20 % der Einnahmen ohne Umsatzsteuer. Die Einnahmen gehören auch bei Schätzung zu den Einnahmen i. S. von § 64 Abs. 3, tatsächliche Aufwendungen können nicht noch zusätzlich abgezogen werden; eine gesonderte Aufzeichnung der Einnahmen und Ausgaben ist deshalb erforderlich. Nicht anwendbar ist diese Sonderregelung bei

Verwertung durch einen Secondhandshop, bei Einzelverkauf gebrauchter Sachen, wie z. B. durch Weihnachts- und Wohltätigkeitsbasare, und bei Altkleidersammlungen mittels Containern.

!

Beispiel: Altmaterialsammlung

Ein gemeinnütziger Sportverein hat folgende Einnahmen aus eigener Tätigkeit erzielt:

	Fall 1	Fall 2
Kegelbahn	4.000 EUR	4.000 EUR
Straßenfest	0 EUR	7.000 EUR
Bewirtung Turnier	3.000 EUR	3.000 EUR
Altmaterialsammlung	10.000 EUR	10.000 EUR
Werbung	12.000 EUR	12.000 EUR
Gesamt	**29.000 EUR**	**36.000 EUR**

Die Altmaterialsammlung wird von ehrenamtlichen Helfern ohne Entgelt durchgeführt.

Lösung:

Im Fall 1 wird die Besteuerungsgrenze von 35.000 Euro nicht überschritten. Die Sonderregelung für Altmaterialsammlungen ist ohne Bedeutung.

Im Fall 2 soll der Gesamtüberschuss des Vereins einschließlich der Altpapierverwertung 20.000 Euro betragen.

	mit Reingewinnschätzung	ohne Reingewinnschätzung
Überschuss	20.000 EUR	20.000 EUR
— Überschuss Altpapierverwertung	10.000 EUR	
	10.000 EUR	
+ pauschalierter Überschuss Altpapierverwertung 5 % aus 10.000 EUR	500 EUR	
berichtigter Überschuss	10.500 EUR	
— Freibetrag	— 5.000 EUR	— 5.000 EUR
Bemessungsgrundlage für die Ertragsbesteuerung	5.500 EUR	15.000 EUR
— Körperschaftsteuer 15 %	— 825 EUR	— 2.250 EUR
— Solidaritätszuschlag 5,5 %	— 45 EUR	— 123 EUR
— Gewerbesteuer ca. 12 %	— 660 EUR	— 1.800 EUR
Gesamt	**1.530 EUR**	**4.173 EUR**

§ 64 Abs. 6 AO: Bei den steuerpflichtigen wirtschaftlichen Geschäftsbetrieben »Werbung für Unternehmen«, die im Zusammenhang mit der steuerbegünstigten Tätigkeit einschließlich Zweckbetriebe stattfinden, kann der Besteuerung ein Gewinn von 15 % der Einnahmen zugrunde gelegt werden.

Beispiel: Reingewinnschätzung bei steuerbegünstigter sportlicher Veranstaltung !

Ein gemeinnütziger Sportverein finanziert sein Jugend-Pfingstturnier dank Sponsoren, die für Banden- und Trikotwerbung 23.800 Euro brutto an den Verein bezahlen. Mit anderen wirtschaftlichen Geschäftsbetrieben (z. B. Verkauf von Speisen und Getränken etc.) ist die Besteuerungsgrenze von 35.000 Euro überschritten.

Lösung:

Auch im Jugendbereich zählt die Werbung grundsätzlich zum steuerpflichtigen wirtschaftlichen Geschäftsbetrieb; d. h., die Kosten der sportlichen Veranstaltung dürfen nicht mit den Werbeeinnahmen verrechnet werden. Da es sich bei dem Jugend-Pfingstturnier aber um eine steuerbegünstigte sportliche Veranstaltung handelt, kann der Verein die Neuregelung der Reingewinnschätzung anwenden.

Einnahmen aus Banden- und Trikotwerbung	20.000 EUR
+ 19 % Mehrwertsteuer	3.800 EUR
Bruttoeinnahmen	**23.800 EUR**
Der Reingewinn beträgt 15 % von 20.000 EUR	**3.000 EUR**

Auch für sportliche Veranstaltungen im aktiven Bereich gilt diese Regelung, soweit keine »bezahlten Sportler« eingesetzt werden. Bezahlter Sportler ist, wer monatlich mehr als 400 Euro vom Verein oder einem Dritten in Geld oder als Sachbezüge (Pkw, Wohnung etc.) für die Ausübung des Sports erhält.

Beispiel: Keine Reingewinnschätzung beim steuerpflichtigen wirtschaftlichen Geschäftsbetrieb !

Ein gemeinnütziger Sportverein erhält wiederum von Sponsoren für Banden- und Trikotwerbung 23.800 Euro brutto. Mit anderen wirtschaftlichen Geschäftsbetrieben (z. B. Verkauf von Speisen und Getränken etc.) ist die Besteuerungsgrenze von 35.000 Euro überschritten. Die Werbeeinnahmen wurden im Zusammenhang mit einer sportlichen Veranstaltung gewährt, bei der bezahlte Sportler (einer genügt) eingesetzt wurden.

Lösung:

Die Sonderregelung der Reingewinnschätzung kommt hier nicht in Betracht, da die Werbung im Zusammenhang mit einem steuerpflichtigen wirtschaftlichen Geschäftsbetrieb steht und nicht mit einem steuerbegünstigten Zweckbetrieb.

Einnahmen aus Banden- und Trikotwerbung	20.000 EUR
+ 19 % Mehrwertsteuer	3.800 EUR
Bruttoeinnahmen	**23.800 EUR**

Der Verein kann die Werbeeinnahmen nur noch mit den tatsächlichen Kosten der Mannschaft »bezahlter Sport« verrechnen.

Auch bei Überschreiten der Zweckbetriebsgrenze § 67a AO entfällt die Reingewinnschätzung, soweit der Verein nicht von der Optionsmöglichkeit gem. § 67a AO Gebrauch macht.

Werden **Werbemaßnahmen bei gemischten sportlichen Veranstaltungen** durchgeführt, sind die Einnahmen aufzuteilen, da für die sportlichen Veranstaltungen mit bezahlten Sportlern die Reingewinnschätzung nicht möglich ist.

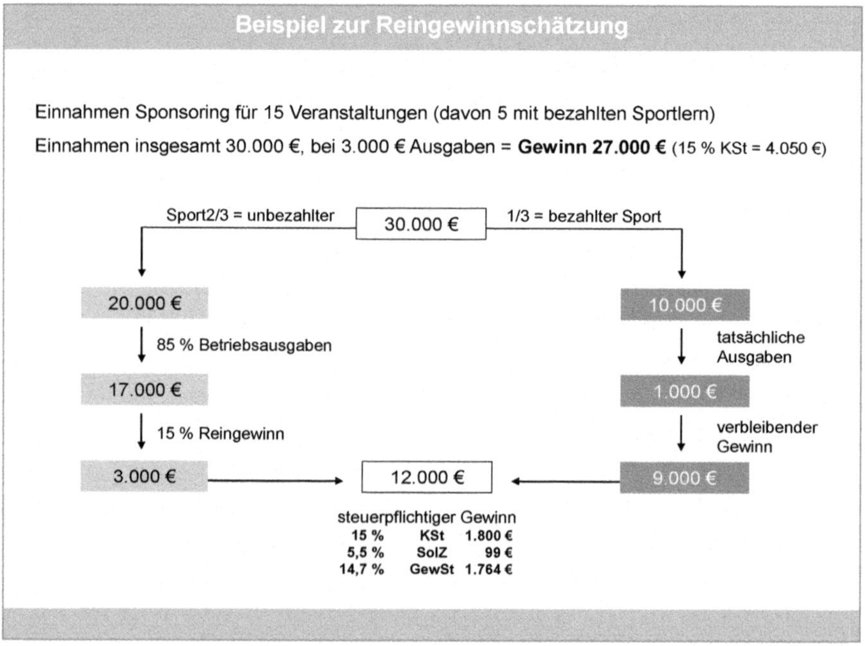

Nach § 64 Abs. 6 Nr. 1 AO kann der Gewinn aus Werbemaßnahmen also pauschal ermittelt werden, wenn die Werbemaßnahmen im Zusammenhang mit der steuerbegünstigten Tätigkeit einschließlich Zweckbetrieben stattfinden. Beispiele für derartige Werbemaßnahmen sind die Trikot- oder Bandenwerbung bei Sportveranstaltungen, die ein Zweckbetrieb sind, oder die aktive Werbung in Programmheften oder auf Plakaten bei kulturellen Veranstaltungen.

Grundwissen Rechnungswesen – von Aufzeichnungspflichten, Kontenrahmen und Buchungssätzen

Einführung

Für gemeinnützige Sportvereine gibt es in der Rechnungslegung keine speziellen Sondervorschriften, wenn man einmal absieht von der getrennten Aufschlüsselung der Einnahmen nach den vier Teilbereichen eines Vereins: ideeller Bereich, Vermögensverwaltung, steuerbegünstigter Zweckbetrieb und steuerpflichtiger wirtschaftlicher Geschäftsbetrieb.

Schlussbilanzkonto

Sportvereine unterliegen bereits nach § 666 BGB einer Auskunfts- und Rechenschaftspflicht gegenüber ihren Mitgliedern. Diese außersteuerlichen Buchführungs- und Aufzeichnungspflichten werden nach der AO auch für steuerliche Zwecke herangezogen.

Weitere Aufzeichnungspflichten ergeben sich z. B. nach

- § 63 Abs. 3 AO: »Ordnungsgemäße Aufzeichnungen von Einnahmen und Ausgaben«
- § 15 UStG: »Vorsteuerabzug«
- § 22 UStG: »Aufzeichnungspflichten zur Feststellung der Steuer«
- § 41 EStG: »Führung von Lohnkonten«

Die Form der Aufzeichnungen (Journal-, Durchschreibe-, EDV-Buchführung) bleibt den Vereinen überlassen. Die EDV-Buchführung bietet die größten Möglichkeiten einer Gliederung nach dem Vereinssteuerrecht. Es sollte folgende Grundeinteilung der Buchungskreise bereits zu Beginn eines Jahres angestrebt werden:

- ideeller Bereich
- Vermögensverwaltung
- Zweckbetriebe eigener Art
- Überlassung Sportanlagen an Mitglieder
- sportliche Veranstaltungen **ohne** bezahlte Sportler

- sportliche Veranstaltungen **mit** bezahlten Sportlern
- steuerpflichtige wirtschaftliche Geschäftsbetriebe.

Diese Einteilung erleichtert z. B. dem Sportverein am Jahresende die Ausübung von Wahlrechten ohne eine nachträgliche aufwendige Trennung einzelner Bereiche.

Die meisten Sportvereine werden steuerrechtlich nicht verpflichtet sein, Bücher zu führen, und dieses nur in den seltensten Fällen freiwillig tun. Es genügt deshalb eine Einnahmen-Überschuss-Rechnung. Hierbei werden alle Einnahmen und Ausgaben berücksichtigt, die auf den Finanzkonten ein- bzw. ausgehen. Es gilt das Zufluss- und Abflussprinzip. Nicht bezahlte Rechnungen oder noch nicht beim Sportverein eingegangene Forderungen bleiben unberücksichtigt. Gewinnermittlungszeitraum ist grundsätzlich das Kalenderjahr.

Mit Wirkung für das Steuerjahr 2005 gab es erstmals ein amtliches Formular für eine Einnahme-Überschuss-Rechnung. Das Formular wurde zwar ursprünglich für unternehmerisch tätige Steuerpflichtige konzipiert, doch über eine Änderung von § 60 Abs. 4 der EStDV mussten sich auch die Vereine verbindlich mit Wirkung ab 2005 darauf einstellen.

Sportvereine, die bilanzieren, müssen dagegen ihre Forderungen und Verbindlichkeiten ebenfalls erfassen, um ein periodengerechtes Ergebnis zu ermitteln. Bei Bilanzierung kann es auch ein vom Kalenderjahr abweichendes Wirtschaftsjahr geben. Der Jahresabschluss umfasst die Bilanz und die Gewinn- und Verlust-Rechnung. Das zuständige Finanzamt hat Sportvereine zur Führung von Büchern und damit zur Bilanzierung aufzufordern, wenn eine der nachstehenden Grenzen im steuerpflichtigen wirtschaftlichen Geschäftsbetrieb überschritten wird:

Jahresumsatz (einschl. steuerfreier Umsätze)	500.000 EUR
Oder	
Jahresgewinn	50.000 EUR

Achtung **!**

Unabhängig von der Gewinnermittlungsform gilt als oberster Grundsatz: Keine Buchung ohne Beleg!

Sollte ein Beleg ausnahmsweise einmal verloren gehen, ist ein Ersatz- oder Eigenbeleg auszustellen. Die Verbuchung der Belege ist durch einen Buchungs- bzw. Kontierungsvermerk kenntlich zu machen. Belege bzw. Rechnungen müssen zur Glaubhaftmachung unterschiedlichste Bestimmungen aus steuerlicher Sicht erfüllen.

Jeder Beleg hat eine Dokumentations- und Nachweisfunktion. Er muss folgende Bestandteile enthalten:

1. Belegtext, d. h. die Erläuterung des Geschäftsvorfalls;
2. zu buchenden Betrag;
3. Ausstellungsdatum;
4. Firma oder Name des Belegausstellers. Bei Eigenbelegen ist die Unterschrift oder das Handzeichen des Verantwortlichen erforderlich;
5. Kontierung, meistens in Form eines Stempelaufdrucks
6. Belegnummer oder ein anderes Ordnungsmerkmal für die Ablage und Aufbewahrung;
7. Buchungsdatum.

Nur durch die Verbindung von Buchung und Beleg ist die Ordnungsmäßigkeit und damit die Beweiskraft der Aufzeichnungen erfüllt.

Für die Ablage der Belege kann die alphabetische, die numerische (z. B. nach Fibu-Konten), die chronologische oder eine sonstige leicht nachvollziehbare und nachprüfbare Reihenfolge gewählt werden.

Die Ordnungsmäßigkeit der Buchführung ist nicht zu beanstanden, wenn formelle Mängel so gering sind, dass die sachliche Richtigkeit nicht beeinträchtigt wird. Bei nur unwesentlichen materiellen Mängeln können diese Fehler — eventuell durch eine Zuschätzung — berichtigt werden. Schwere und gewichtige formelle Mängel können zur Verwerfung der Buchführung, d. h. zu einer Vollschätzung der Besteuerungsgrundlagen, führen.

Bis zum 31. Mai des Folgejahrs müssen vom Vorstand unterzeichnete Steuererklärungen dem Finanzamt vorgelegt werden. Den Steuererklärungen sind Ergebnisaufstellungen, Protokolle und andere für die Besteuerung notwendige Unterlagen ggf. beizufügen. Gibt der Verein allerdings pflichtwidrig keine oder aber verspätete Steuererklärungen ab, können Zwangsgelder, Verspätungs- und Säumniszuschläge erhoben werden.

- Umsatzsteuer-Voranmeldungen sind vierteljährlich oder monatlich abzugeben und zu bezahlen. Soweit keine einmonatige Fristverlängerung beantragt wurde, ist Abgabetermin der 10. des Folgemonats bzw. des Kalendervierteljahrs.

! **Achtung**

Bitte beachten Sie, dass seit dem 01.01.2005 Umsatzsteuervoranmeldungen und Lohnsteueranmeldungen elektronisch mit ELSTER abgegeben werden müssen.

- Lohnsteueranmeldungen sind zum 10. des Folgemonats bzw. des Kalendervierteljahrs abzugeben. Die fällige Lohnsteuer ist allerdings bis zum drittletzten Bankbearbeitungstag des Monats zu bezahlen.
- Körperschaftsteuervorauszahlungen sind jeweils am 10.03., 10.06., 10.09. und 10.12.,
- Gewerbesteuervorauszahlungen jeweils am 15.02., 15.05., 15.08. und 10.11. zu leisten.

Auch wenn es für Lohnunterlagen und Zuwendungsbestätigungen kürzere Fristen (sechs Jahre) gibt, empfiehlt es sich, Belege, Kontoauszüge, Buchungsunterlagen, Lohnunterlagen, Zuwendungsbestätigungen, Abschlüsse und Steuererklärungen einheitlich zehn Jahre aufzubewahren.

Prüfung durch Finanzbehörden

Zur Ermittlung der Besteuerungsgrundlagen können Finanzämter Lohnsteuerprüfungen, Umsatzsteuer-Sonderprüfungen oder aber auch umfassende Betriebsprüfungen vornehmen.

Lohnsteuerprüfungen können für die zurückliegenden drei bis vier Jahre durchgeführt werden. Umsatzsteuer-Sonderprüfungen werden in der Regel bei größeren gemischt genutzten Bauvorhaben angesetzt. Bei Betriebsprüfungen umfasst der Prüfungszeitraum die letzten drei Veranlagungsjahre, zu denen dem Finanzamt Steuererklärungen vorliegen.

Bei diesen Prüfungen sind die tatsächlichen und rechtlichen Verhältnisse, die für die Steuerpflicht und für die Bemessung der Steuer maßgebend sind, zu ermitteln. Die Prüfung soll dazu beitragen, dass die Steuergesetze gerecht und gleichmäßig angewendet werden. Es ist deshalb auch zugunsten des Vereins zu prüfen.

Rechtsbehelfsverfahren

Ein Rechtsbehelf dient dem Verein zur Gewährung von Rechtsschutz im Besteuerungsverfahren.

Möchte ein Verein z. B. einen Steuerbescheid überprüfen lassen, kann er dieses mittels außergerichtlichem Rechtsbehelf (Einspruch) oder gerichtlichem Rechtsbehelf (Klage beim Finanzgericht bzw. Revision beim Bundesfinanzhof) erreichen.

Ein Einspruch ist innerhalb eines Monats nach Bekanntgabe des Verwaltungsaktes bei der zuständigen Behörde einzulegen. Die gleiche Frist gilt für die Klage und die Revision.

Wichtig !

Rechtsbehelfsfristen sind Ausschlussfristen. Sie können nicht verlängert werden.

Zur Wahrung der Einspruchsfrist kann der Einspruch zunächst ohne Begründung eingelegt werden. Die Begründung muss dann innerhalb einer angemessenen Frist nachgereicht werden.

Haftung des Vorstands

Wer als Vorstand eines gemeinnützigen Vereins schuldhaft steuerliche Pflichten verletzt, kann u. U. persönlich als Haftender für Steuerverbindlichkeiten in Anspruch genommen werden.

In jedem Fall stellt sich die Frage der Gemeinnützigkeit. Der Bundesfinanzhof hat in einem Urteil vom 27.09.2001 einem gemeinnützigen Amateurfußballverein die Gemeinnützigkeit aberkannt, weil er gegen Rechtsordnungen (im konkreten Fall wurde keine Lohnsteuer aus Zahlungen von Sponsoren an Sportler an das Finanzamt bezahlt) verstoßen hatte.

Grundwissen Rechnungswesen

Ein Konto ist eine Abrechnung über Bestände und/oder Erfolgsvorgänge durch Gegenüberstellung in T-Form oder Staffelform. Wie die Bilanz oder die Einnahme-Überschuss-Rechnung hat auch ein Konto zwei Seiten:

- linke Kontoseite = Sollseite, Aufwand, Ausgabe
- rechte Kontoseite = Habenseite, Ertrag, Einnahme

Nach der doppelten Buchführung werden die Sachkonten unterschieden in

- Bestandskonten (Aktiv- und Passivkonten)
- gemischte Konten (Erfolgs- und Bestandskonten)
- Personenkonten (Kunden und Lieferanten)

Die Sachkonten (Bestands-, Unter — und gemischte Konten) sind vierstellig; die Personenkonten fünfstellig.

!

Beispiele: Sachkonto/Personenkonto

- Beispiel für Sachkonten:
  Kasse = 0920 (nach dem überarbeiteten Vereinskontenrahmen der DATEV, SKR 49),
  Sportkleidung = 5605 bzw. 7416
- Beispiel für Personenkonten:
  Kunde Maier = 11000,
  Lieferant Müller = 77000

Personenkonten kommen, wenn überhaupt, nur bei Vereinen vor, die einen Jahresabschluss (Bilanz und Gewinn- und Verlustrechnung) aufstellen.

Für die einzelnen Steuersätze gibt es je ein Sachkonto. Beim Buchen ist darauf zu achten, dass Einnahmekonten nicht mit unterschiedlichen Steuersätzen bebucht werden. Für jeden Steuersatz ist ein Konto einzurichten, damit am Jahresende eine Umsatzverprobung (= Überprüfung der zu zahlenden Umsatzsteuer) allein aus den Salden der Konten möglich ist.

Beispiele: Einnahmekonten !

- **Sonstige Einnahmen 0 % wirtschaftliche Geschäftsbetriebe = 8100**
- **Sonstige Einnahmen 7 % wirtschaftliche Geschäftsbetriebe = 8101 (muss eingerichtet werden)**
- **Sonstige Einnahmen 19 % wirtschaftliche Geschäftsbetriebe = 8102 (muss eingerichtet werden)**

Bei den Aufwandskonten ist eine Trennung der Konten für den Vorsteuerabzug nicht unbedingt erforderlich bzw. üblich. Dennoch gibt es für einzelne Aufwandskonten getrennte Konten, insbesondere dann, wenn es sich um sog. Automatikkonten (automatische Berechnung der Umsatzsteuer) handelt.

Beispiele: Aufwandskonten !

- **Wareneinkauf 0 % wirtschaftlicher Geschäftsbetrieb = 8150**
- **Wareneinkauf 7 % wirtschaftlicher Geschäftsbetrieb = 8152**
- **Wareneinkauf 19 % wirtschaftlicher Geschäftsbetrieb = 8154**

Die Einrichtung von Automatikkonten (ein bestimmter Mehrwert- oder Vorsteuerschlüssel ist hinterlegt) ist allerdings nur dann zu empfehlen, wenn sichergestellt ist, dass

- alle Einnahmekonten ausschließlich Einnahmen mit ein und demselben MwSt-Satz (0 %, 7 % oder 19 %) enthalten,
- alle gebuchten Ausgaben auch tatsächlich vorsteuerabzugsfähig sind; d. h. den gleichen MwSt-Satz in der Rechnung ausweisen, der auf dem jeweiligen Ausgabekonto hinterlegt ist.

Da immer ein Steuerschlüssel hinterlegt werden kann, besteht leicht die Gefahr, dass Steuerbeträge automatisch herausgerechnet werden, für die es z. B. lt. vorliegender Rechnung keinerlei Grundlage gibt.

Im Übrigen ist eine ordnungsgemäße Umsatzsteuerverprobung nicht möglich, wenn auf einem Einnahmekonto gleichzeitig Umsätze mit 0 %, 7 % und 19 % enthalten sind. Eine Trennung dieser Konten nach dem jeweiligen Steuersatz ist unerlässlich.

Hinter den Konten Wareneinkauf kann ein Automatik-Steuerschlüssel im EDV-Programm hinterlegt werden. Das bedeutet, dass aus jeder Buchung die Umsatzsteuer des hinterlegten Steuerschlüssels aus dem Bruttobetrag herausgerechnet wird. In diesen Fällen bleibt es bei einem vierstelligen Sachkonto. Im Vereinskontenrahmen sind keine Automatikkonten vorgesehen. Je nach EDV-Programm ist aber die Einrichtung solcher Konten möglich.

Alternativ muss dem Sachkonto zu jeder Buchung mit Umsatzsteuer ein Steuerschlüssel vorangestellt werden. Es gibt folgende Steuerschlüssel:

- Mehrwertsteuer 7 % = 2
- Mehrwertsteuer 19 % = 3
- Vorsteuer 7 % = 8
- Vorsteuer 19 % = 9.

Bei Aufwendungen, die einem besonderen Steuersatz unterliegen (Einkauf landwirtschaftlicher Erzeugnisse, z. B. Blumen), ist die Vorsteuer immer individuell zu berücksichtigen.

Die Steuerschlüssel stehen an sechster Stelle und müssen ggf. mit einer »Null« aufgefüllt werden.

! **Beispiele: Steuerschlüssel**

- Eintrittsgelder Sportveranstaltung unbezahlter Sport 7 % = 205020;
- Eintrittsgelder gesellige Veranstaltungen 19 % = 308002;
- Einkauf Lebensmittel wirtschaftlicher Geschäftsbetrieb 7 % = 808152;
- Ausgabe für Werbekosten wirtschaftlicher Geschäftsbetrieb (19 % USt) = 908330.

Im Rechnungswesen ist der Kontenrahmen ein wichtiges Organisationsmittel. Alle Konten sind einheitlich gegliedert und bezeichnet. Dadurch wird ein genauer Überblick über die in einem Verein geführten Konten ermöglicht. Der Buchungstext kann durch Verwendung von Kontennummern vereinfacht und vereinheitlicht werden.

Durch die Verwendung von Kontenrahmen kann ein

- Zeitvergleich: Vergleich von Aufwendungen und Erträgen desselben Vereins in verschiedenen Rechnungsperioden (interner Vergleich)

oder

- Vereinsvergleich: Vergleich einzelner Aufwands- und Ertragsarten eines Vereins mit denen eines anderen Vereins derselben Art (äußerer Vergleich)

ermöglicht werden.

Der äußere Vergleich ist allerdings insoweit problematisch, da nicht alle Vereine nach dem Vereinskontenrahmen buchen. Selbst bei Verwendung des Vereinskontenrahmens werden einzelne Buchungen sehr unterschiedlich verbucht und einzelne Konten unterschiedlich beschriftet.

Die Konten sind in folgende neun Kontenklassen eingeteilt:

Kontenklassen	
Kontenklasse 0	Bestandskonten Aktiva
Kontenklasse 1	Bestandskonten Passiva
Kontenklasse 2	Erfolgskonten für ideellen Bereich
Kontenklasse 3	Erfolgskonten für ertragsneutrale Posten
Kontenklasse 4	Erfolgskonten für Vermögensverwaltung
Kontenklasse 5	Erfolgskonten für ertragssteuerfreie Zweckbetriebe »Sport«
Kontenklasse 6	Erfolgskonten für andere ertragsteuerfreie Zweckbetriebe
Kontenklasse 7	Erfolgskonten für ertragsteuerpflichtige Geschäftsbetriebe »Sport«
Kontenklasse 8	Erfolgskonten für andere ertragsteuerpflichtige Geschäftsbetriebe
Kontenklasse 9	Statistische Konten

Die Konten sind wiederum innerhalb der Kontenklassen in Kontengruppen und Kontenarten unterteilt.

Aus dem Vereinskontenrahmen entwickelt der Verein seinen Kontenplan. Dieser enthält nur die für den betreffenden Verein notwendigen Konten.

Bei einem Mehrspartenverein empfiehlt sich folgende Vorgehensweise, um einen Kontenrahmen zu erstellen:

1. Der »Hauptverein« erstellt anhand des Vereinskontenrahmens einen ersten Entwurf des Vereinskontenplans.
2. Der Entwurf geht an alle Abteilungen zur Ergänzung abteilungs- oder aber sportartspezifischer Konten (z. B. Strafen, Schiedsrichtergebühren, gezahlte Startgelder etc.).
3. Die einzelnen Kontenpläne der Abteilungen werden mit dem des Hauptvereins verknüpft.
4. Es wird ein Probelauf gestartet, um die möglichen Auswertungen zu prüfen.
5. Es werden ggf. Korrekturen und Ergänzungen vorgenommen.
6. Der Musterkontenplan wird als verbindlich in allen Abteilungen installiert.

Gegenüber der einfachen Buchführung (keine sachliche Gliederung im Hauptbuch) unterscheidet sich die doppelte Buchführung wie folgt:

- Alle Geschäftsvorfälle werden doppelt erfasst, zeitlich geordnet im Grundbuch (chronologische Aufzeichnung aller Geschäftsvorfälle), sachlich und zeitlich geordnet im Hauptbuch (systematische Gliederung auf Bestands- und Erfolgskonten). Zu den Grundbüchern zählen die Primanota und das Journal.
- Alle Geschäftsvorfälle werden im Hauptbuch einmal im Soll und einmal im Haben gebucht. Im Hauptbuch findet sich eine systematische Gliederung des Buchführungsstoffes, dargestellt auf Bestands- und Erfolgskonten. Es sind dabei vom Eröffnungsbilanzkonto bis zum Schlussbilanzkonto alle Sachkonten zusammengefasst.
- Die Geschäftsvorfälle werden auf Bestands- und Erfolgskonten gebucht.
- Der Gewinn bzw. Verlust wird auf zwei Arten ermittelt: zum einen durch Betriebsvermögensvergleich, zum andern durch Gegenüberstellung von Aufwendungen und Erträgen.

Jeder Geschäftsvorfall betrifft mindestens zwei Konten und wird daher zweimal erfasst. Es wird einmal die Sollseite eines Kontos und einmal die Habenseite eines anderen Kontos (Gegenkonto) angesprochen. Bei Buchungen mit Umsatzsteuer, Skonto, Wareneinkauf mit unterschiedlichen Steuersätzen werden mehr als zwei Konten bebucht.

Ein Buchungssatz enthält eine Arbeitsanweisung an den Buchhalter, Schatzmeister oder denjenigen, der sonst mit diesen Arbeiten betraut ist. Der Buchungssatz gibt an, auf welches Konto ein Geschäftsvorfall zu buchen ist. Er nennt zuerst das Sollkonto und dann das Habenkonto. Die beiden Kontobezeichnungen werden durch das Wort »an« zu einem Buchungssatz ergänzt. Die Angabe des Buchungsbetrags und des Buchungstags gehört ebenfalls zu jedem Buchungssatz.

Beispiele: Buchungssätze !

Auf dem Bankkonto des Vereins gehen per Einzugsermächtigung die Jahresmitgliedsbeiträge in Höhe von 30.000 Euro ein.

Buchungssatz:

0950 Bank
an 2110 Mitgliedsbeiträge

Der Verein kauft Getränke für 1.190 Euro brutto (inkl. 19 % MwSt) zum Weiterverkauf bar ein.

Buchungssatz:

8154 Wareneinkauf 19 % USt (= 1.000 EUR)
0780 Abziehbare Vorsteuer 19 % (= 190 EUR)
an 0920 Kasse (=1.190 EUR)

Auch ein gemeinnütziger Verein hat ein Inventar aufzustellen. Das ist ein Verzeichnis aller Vermögenswerte und Schulden. Bei einem Verein wird vielleicht weniger das Vorratsvermögen (bei Bilanzierung: z. B. Warenbestand einer selbst bewirtschafteten Vereinsgaststätte) von Bedeutung sein als vielmehr das Anlagevermögen.

Darunter versteht man Wirtschaftsgüter, die dem Verein dauernd zu dienen bestimmt sind; d. h. die nicht zum alsbaldigen Verkauf angeschafft wurden. Beispiele sind Vereinsheime, Fahrzeuge, Sportgeräte, geringwertige Wirtschaftsgüter (GwG) etc.

Die Nutzung bestimmter Vermögensgegenstände ist auch bei einem Verein zeitlich begrenzt. Zu den abnutzbaren Wirtschaftsgütern, die der Abschreibung unterliegen, gehören:

1. bewegliche Wirtschaftsgüter (Sportgeräte),
2. immaterielle Wirtschaftsgüter (Vereinssoftware),
3. unbewegliche Wirtschaftsgüter, die keine Gebäude oder Gebäudeteile sind (Zuschauertribünen, Flutlicht),
4. Gebäude und Gebäudeteile (Stadion, Vereinsheim).

Diese Wirtschaftsgüter sind mit den Anschaffungs- oder Herstellungskosten abzüglich der jährlichen Abschreibung zu buchen.

Das Steuerrecht lässt folgende Abschreibungen (AfA = Absetzung für Abnutzung)(AfA) zu:

- lineare AfA (in gleichen Jahresbeträgen)
- degressive AfA (in fallenden Jahresbeträgen vom jeweiligen Restbuchtwert)
- Leistungs-AfA (nach Maßgabe der Leistung)
- außerordentliche AfA (außergewöhnlicher technischer oder wirtschaftlicher Verbrauch)
- Teilwert-AfA (niedrigerer Wiederbeschaffungswert als Anschaffungs- oder Herstellungskosten).

Im Lauf des Jahres angeschaffte oder hergestellte Wirtschaftsgüter sind grundsätzlich zeitanteilig abzuschreiben. Angefangene Monate werden dabei als volle berücksichtigt. Beim Ausscheiden von Wirtschaftsgütern im Lauf eines Wirtschaftsjahrs wird die Abschreibung nur für volle Monate der Nutzung berechnet.

Bei Wirtschaftsgütern, deren Verwendung oder Nutzung sich durch den Verein erfahrungsgemäß auf einen Zeitraum von mehr als einem Jahr erstreckt, ist jeweils für ein Jahr der Teil der Anschaffungs- oder Herstellungskosten abzusetzen, der bei gleichmäßiger Verteilung dieser Kosten auf die Gesamtdauer der Verwendung oder Nutzung auf ein Jahr entfällt (AfA in gleichen Jahresbeträgen = lineare AfA).

Die Anschaffungs- oder Herstellungskosten eines beweglichen Wirtschaftsguts des Anlagevermögens, die zu einer selbstständigen Nutzung fähig sind, können im Wirtschaftsjahr der Anschaffung oder Herstellung in voller Höhe abgeschrieben werden, wenn die Anschaffungs- oder Herstellungskosten vermindert um einen darin enthaltenen Vorsteuerbetrag für das einzelne Wirtschaftsgut 410 Euro nicht übersteigen (geringwertige Wirtschaftsgüter).

Eine selbstständige Nutzung ist nicht gegeben bei EDV-Teilen wie z. B. Monitor, Tastatur, Drucker etc. Diese Wirtschaftsgüter müssen mit dem dazugehörenden PC aktiviert und innerhalb der betriebsgewöhnlichen Nutzungsdauer abgeschrieben werden.

Auch Wirtschaftsgüter mit Anschaffungs- oder Herstellungskosten über 410 Euro sind ebenfalls unter Berücksichtigung der betriebsgewöhnlichen Nutzungsdauer jährlich abzuschreiben.

Um die AfA richtig zu berechnen, ist neben dem Abschreibungssatz auch die sog. betriebsgewöhnliche Nutzungsdauer erforderlich. Diese bestimmt sich nach der voraussichtlichen oder aber aus der Erfahrung früherer Anschaffungen heraus bestehenden Nutzungsdauer eines Wirtschaftsguts.

Für eine Vielzahl von Wirtschaftsgütern — allerdings im Vereinsbereich weniger — gibt es verbindliche Nutzungsdauern lt. einer amtlichen AfA-Tabelle. Gebäude werden in der Regel auf 50 Jahre abgeschrieben; Büromöbel auf zehn Jahre; EDV-Geräte auf drei Jahre etc.

Da die AfA sich steuerwirksam lediglich im steuerpflichtigen wirtschaftlichen Geschäftsbetrieb auswirkt, ist eine eventuell längere Nutzungsdauer und damit eine geringere jährliche Abschreibung im ideellen Bereich, in der Vermögensverwaltung und im steuerbegünstigten Zweckbetrieb ertragsteuerlich unerheblich.

Geringwertige Wirtschaftsgüter und Poolabschreibung

Bisher waren die Anschaffungs- oder Herstellungskosten für bewegliche Wirtschaftsgüter des Anlagevermögens sofort in voller Höhe als Betriebsausgaben abziehbar, wenn die Kosten (ohne abziehbare Vorsteuer) nicht mehr als **800 Euro** betrugen.

Für Wirtschaftsgüter, die **nach dem 31.12.2007 angeschafft oder hergestellt** werden, gilt jetzt Folgendes: Die kompletten Anschaffungs- oder Herstellungskosten des einzelnen Wirtschaftsguts sind nur noch sofort abziehbar, wenn sie, vermindert um einen darin enthaltenen Vorsteuerbetrag, **250 Euro** nicht übersteigen. Besondere **Aufzeichnungspflichten** (Erstellung und fortlaufende Führung eines besonderen Verzeichnisses) bestehen hierfür nicht mehr.

Für Wirtschaftsgüter, deren Anschaffungskosten oder Herstellungskosten, vermindert um einen darin enthaltenen Vorsteuerbetrag, **mehr als 250 Euro**, aber **nicht mehr als 1.000 Euro** betragen, gilt zwingend eine sog. Poolbewertung. Das bedeutet: Für die in einem Wirtschaftsjahr angeschafften oder hergestellten Wirtschaftsgüter, die unter diese Betragsgrenzen fallen, müssen Sie einen Sammelposten bilden. Dieser Posten ist **auf fünf Jahre abzuschreiben**, auch wenn die darin aufgenommenen Wirtschaftsgüter eine geringere Nutzungsdauer haben. Der **Abschreibungssatz** von **20 % im Erstjahr** gilt unabhängig davon, wann das einzelne Wirtschaftsgut angeschafft wird. Der Sammelposten ist jahrgangsbezogen zu bilden und abzuschreiben. Die Einbeziehung der betreffenden Wirtschaftsgüter in einen Sammelposten bedingt eine zusammenfassende Behandlung dieser Wirtschaftsgüter. Demzufolge wirken sich Vorgänge nicht aus, die sich nur auf das einzelne Wirtschaftsgut beziehen. Durch Verkäufe, Entnahmen oder außerplanmäßige Wertminderungen wird daher der Wert des Sammelpostens nicht beeinflusst.

Wahlrecht

Diese Regelung der Poolabschreibung betrifft Steuerpflichtige mit Gewinneinkünften. Im Verein gilt das für steuerpflichtige wirtschaftliche Geschäftsbetriebe.

Bei Sofortabschreibung müssen die GWG in einem besonderen Anlagenverzeichnis (Vereinskontenrahmen SKR 49 = Konto 0340 oder 0475) aufgeführt werden. Wirtschaftsgüter über 800 EUR müssen nach den allgemeinen Regeln abgeschrieben werden (§ 6 Abs. 2 und 2a EStG 2010).

Das Wahlrecht zwischen Sofortabschreibung und Poolabschreibung kann für alle in einem Wirtschaftsjahr angeschafften oder hergestellten Wirtschaftsgüter nur einheitlich ausgeübt werden.

SEPA-Lastschriftverfahren – ein Überblick

Allgemeines

SEPA verändert den bargeldlosen Zahlungsverkehr seit dem 01.08.2014 nachhaltig.

Die Europäische Union hat sich zum Ziel gesetzt, den Umstand, dass jedes europäische Land sein eigenes nationales Zahlverfahren hat, zu ändern und einen einheitlichen Euro-Zahlungsverkehr, auf Englisch »Single Euro Payments Area« (SEPA), einzuführen. Dadurch soll erreicht werden, dass innerhalb der Teilnehmerländer Euro-Zahlungen einheitlich und auf die gleiche effiziente Art und Weise abgewickelt werden können. An der Single Euro Payments Area nehmen insgesamt 33 Länder teil. Diese 33 Länder setzen sich aus den 28 EU-Staaten, den drei Ländern des übrigen Europäischen Wirtschaftsraumes (EWR) sowie der Schweiz und Monaco zusammen.

Bereits seit Januar 2008 ist es möglich, SEPA-Überweisungen im Anwendungsgebiet einzusetzen, seit November 2009 können auch SEPA-Lastschriften verwendet werden.

Der europäische Gesetzgeber hat durch die »SEPA-Migrationsverordnung« Anfang 2012 unter anderem festgelegt, dass zum 01.08.2014 für Unternehmen, hierzu zählen auch Vereine, die nationalen Zahlungsverfahren in Form von Überweisungen und Lastschriften zugunsten der europaweit einheitlichen SEPA-Zahlverfahren abgeschaltet werden.

Im Rahmen einer Übergangsfrist bis zum 01.02.2016 besteht für Privatkunden die Möglichkeit, die nationalen Zahlungen mittels des nationalen Zahlungsverfahrens vorzunehmen.

Für die Vereine bedeutet dies konkret, dass seit dem 01.08.2014 u. a. der Einzug von Mitgliedsbeiträgen zwingend nach dem europaweit einheitlichen Verfahren vorzunehmen ist.

Was ändert sich?

Am 01.08.2014 wurde das herkömmliche nationale Zahlverfahren für Überweisungen und Lastschriften abgelöst. Überweisungen und Lastschriften werden nur noch mittels SEPA anhand der IBAN (International Bank Account Number) und bei grenzüberschreitenden Überweisungen und Lastschriften bis zum Februar 2016 zusätzlich mit dem BIC (Business Identifier Code) durchgeführt und identifiziert.

Für Vereine ist im Hinblick auf den Einzug ihrer Mitgliedsbeiträge und Gebühren in erster Linie das SEPA-Lastschriftverfahren von Bedeutung.

Das SEPA-Lastschriftverfahren sieht zwei unterschiedliche Arten von Lastschriften vor. Zum einen gibt es die SEPA-Basislastschrift und die SEPA-Firmenlastschrift. Aufgrund der Tatsache, dass die SEPA-Firmenlastschrift für den Zahlungsverkehr mit Geschäftskunden zu verwenden ist, ist für Vereine für den Einzug der Mitgliedsbeiträge lediglich die SEPA-Basislastschrift von Bedeutung.

Welche Maßnahmen muss der Verein konkret vornehmen?

Damit der Verein an den SEPA-Zahlverfahren teilnehmen kann, muss dieser folgende Vorkehrungen und Maßnahmen einleiten:

Gläubiger-ID (Gläubiger-Identifikationsnummer)
Für das Verfahren muss der Verein zwingend eine Gläubiger-ID beantragen. Diese wird zentral durch die Deutsche Bundesbank vergeben und kann nur via Internet bei der Deutschen Bundesbank unter www.glaeubiger-id.bundesbank.de beantragt werden.

Für die Beantragung benötigt der Beantragende lediglich die Anschrift des Vereins und die Vereinsregisternummer. Ferner wird verlangt, dass eine Auskunftsperson für den Beantragungsprozess benannt wird — hier kann entweder ein Vorstandsmitglied oder ein vom Vorstand beauftragter SEPA-Koordinator angegeben werden.

Eine Gläubiger-ID wird immer nur an eine juristische Person vergeben, deshalb können unselbstständige Abteilungen, auch wenn sie Konten bei anderen Bankinstituten als der Gesamtverein haben, keine eigene Gläubiger-ID beantragen. Für die Abteilungen gilt somit immer die von der Bundesbank zugeteilte Gläubiger-ID des Gesamtvereins.

Für den Fall, dass der Verein eine interne Kennzeichnung für die unterschiedlichen Abteilungen einführen möchte, besteht die Möglichkeit, die Stellen 5 bis 7 der Gläubiger-Identifikationsnummer, die bei der Vergabe der Gläubiger-ID standardmäßig mit »ZZZ« (Geschäftsbereichskennung) belegt sind, für eine Kennzeichnung einzelner Abteilungen festzusetzen. Diese drei Stellen können beliebig mit alphanumerischen Zeichen versehen werden, zum Beispiel FUB für Fußballabteilung, HAB für Handballabteilung etc.

Es gilt jedoch zu beachten, dass das einem Lastschrifteinzug zugrunde liegende Mandat anhand der Gläubiger-ID, ohne die darin enthaltene Geschäftsbereichskennung, identifiziert werden muss. Folglich dient die Belegung der Geschäftsbereichskennung ausschließlich vereinsinternen Zwecken und es steht im Ermessen des Vereins, ob eine solche Kennzeichnung erfolgt oder nicht.

Inkassovereinbarung

Der Verein muss mit seiner Bank eine neue Inkassovereinbarung, die die Konditionen des neuen Zahlungsverfahrens wiedergibt, abschließen. Aufgrund der Tatsache, dass dem jeweiligen Bankinstitut die Gläubiger-ID mitgeteilt werden muss, kann ein Abschluss erst dann vollzogen werden, wenn diese dem Verein vorliegt.

Wichtig !

Eine neue Inkassovereinbarung muss auch für Abteilungskonten abgeschlossen werden.

Die neuen Inkassovereinbarungen werden grundsätzlich unaufgefordert von den jeweiligen Bankinstituten an die Vereine verschickt. Sollte eine Bank eine neue Inkassovereinbarung dem Verein nicht rechtzeitig übermitteln, sollte der Verein sich mit seinem Bankberater in Verbindung setzen.

Bei der Unterzeichnung der neuen Inkassovereinbarung ist darauf zu achten, dass die jeweils vertretungsberechtigten Personen in vertretungsberechtigter Anzahl (in der Regel der BGB-Vorstand im Sinne des § 26 BGB), diese unterschreiben.

Mandatsreferenz

Zweck der Mandatsreferenz ist, in Verbindung mit der Gläubiger-ID, die eindeutige Identifizierung des entsprechenden Mandates.

Eine Mandatsreferenz muss für jedes SEPA-Mandat vom Verein individuell vergeben werden. Jede Mandatsreferenz darf nur einmalig vergeben bzw. vorhanden sein. Für jede Mandatsreferenz stehen dem Verein bis zu 35 alphanumerische Stellen zur Verfügung.

Tipp

Eine neue Inkassovereinbarung muss auch für Abteilungskonten abgeschlossen werden.

Die Mandatsreferenz kann entweder im Mandat enthalten sein oder dem Zahler nachträglich bekannt gegeben werden.

SEPA-Lastschriftmandat

Die Einzugsermächtigungen werden durch die neuen SEPA-Lastschriftmandate ersetzt. Was der Verein beachten muss bzw. wie er vorgehen muss, hängt davon ab, ob

- dem Verein bereits eine Einzugsermächtigung vorliegt (Altmitglied),
- dem Verein noch keine Einzugsermächtigung vorliegt (Neumitglied),
- mit dem Verein ein Abbuchungsauftrag besteht.

1. Dem Verein liegt eine Einzugsermächtigung vor

Sofern dem Verein eine gültige Einzugsermächtigung durch das Vereinsmitglied vorliegt, kann — aufgrund der Sonderbedingungen für den Lastschrifteinzug vom Juli 2012 — im Wege der Umwidmung die bereits vorhandene Einzugsermächtigung in ein SEPA-Lastschriftmandat umgewandelt werden.

Eine gültige Einzugsermächtigung liegt immer nur dann vor, wenn dem Verein eine unterschriebene Einzugsermächtigung im Original vorliegt. Nur solche Einzugsermächtigungen können umgewandelt werden, da dem Verein für die Anwendung von SEPA stets eine Unterschrift im Original vorliegen muss. Aufgrund dieser Tatsache kann bei einer reinen Online-Mitgliedschaft keine gültige SEPA-Lastschrift erteilt werden.

Neben der unterschriebenen Einzugsermächtigung muss für eine wirksame Umwidmung auch eine Mitteilung an die jeweiligen Vereinsmitglieder erfolgen, in welcher insbesondere den Vereinsmitgliedern der Zeitpunkt der Umstellung auf das SEPA-Zahlverfahren, die Gläubiger-ID des Vereins sowie die Mandatsreferenz mitgeteilt werden. Ferner bietet es sich an, die vom Verein zukünftig verwendete IBAN und BIC des Vereinsmitglieds zur Prüfung auf Richtigkeit mit anzugeben.

Die Mitteilung muss in geeigneter Art und Weise erfolgen. Eine solche Mitteilung kann zum Beispiel per Brief an jedes Mitglied, per E-Mail an jedes Mitglied oder per Hinweis in der Vereinszeitschrift (sofern jedes Mitglied eine solche erhält) erfolgen.

Tipp

Eine explizite Zustimmung des Vereinsmitglieds als Zahlungspflichtiger ist nicht erforderlich.

Eine solche Umwandlung könnte wie folgt lauten:

Muster

Umstellung auf das SEPA-Basislastschriftverfahren

Wir *[Name des Vereins]* haben bisher die Vereinsbeiträge und Vereinsgebühren per Einzugsermächtigung eingezogen. Als Beitrag zur Schaffung des einheitlichen Euro-Zahlungsverkehrsraums (Single Euro Payments Area, SEPA) stellen wir ab dem *[TT.MM.JJJJ]* auf das europaweit einheitliche SEPA-Basis-Lastschriftverfahren um.

Die von Ihnen bereits erteilte Einzugsermächtigung wird dabei als SEPA-Lastschriftmandat weiter genutzt.

Die Abbuchung der jährlichen Beiträge erfolgt zukünftig nicht mehr mittels Angabe Ihrer Konto-Nr. bzw. Bankleitzahl, sondern über Ihre internationale Kontonummer (IBAN) und der internationalen Bankenkennung (BIC).

Wir haben hierfür folgende Daten für Sie angelegt:

IBAN: xxxxxxxxxxxxxxx

BIC: xxxxxxxxxxxxxxx

Ferner wird dieses Lastschriftmandat und auch zukünftige Lastschriften durch Ihre Mandatsreferenz und die Gläubiger-ID des Vereins gekennzeichnet.

Die Mandatsreferenz lautet: ....

Die Gläubiger-ID unseres Vereines lautet: DE01ZZZ01234567890

Für Beitragszahlungen werden wir erstmals ab dem *[TT.MM.JJJJ]* das neue SEPA-Basislastschriftverfahren nutzen. Der Beitragseinzug erfolgt jährlich am *[TT.MM.JJJJ]*. Sollte dieser auf einen Feiertag oder ein Wochenende fallen, erfolgt der Einzug am darauffolgenden Bankarbeitstag. (Alternativ: Der Beitragseinzug erfolgt zu den in unserer Satzung/Beitragsordnung definierten Terminen.)

Sollten die von uns ermittelten Angaben zu Ihrer IBAN und Ihrem BIC nicht korrekt sein, bitten wir Sie umgehend um Nachricht. Ihre IBAN und den BIC finden Sie z. B. auf Ihrem Kontoauszug.

Sofern Sie Fragen zu diesem Schreiben haben, können Sie sich gerne jederzeit bei uns melden.

(Ort/Datum) (Unterschrift des Kontoinhabers)

2. Erwerb der Mitgliedschaft nach der Umstellung

Von allen Mitgliedern, die seit dem 01.08.2014 die Vereinsmitgliedschaft erwerben, muss zwingend ein SEPA-Lastschriftmandat eingeholt werden.

Folglich muss der Verein seine bisherigen Aufnahmeformulare bzw. Beitrittserklärungen ändern, sodass auf diesen ein entsprechender Mandatstext vorhanden ist, welcher u. a. folgende Angaben beinhaltet, Angabe von Name, Adresse, Gläubiger-ID des Vereins, die Mandatsreferenz, die Angabe, ob es sich um eine einmalige Zahlung oder um eine wiederkehrende Zahlung handelt sowie der Name, die Anschrift, die IBAN, der BIC und die Unterschrift des Mitglieds mit Ort und Datum.

Eine Formulierung könnte wie folgt aussehen:

Muster

SEPA-Lastschriftmandat für wiederkehrende Zahlungen
(Alternativ: für einmalige Zahlung)

___

(Name des Zahlungsempfängers (Vereins)

___

(Straße, Hausnummer, PLZ, Ort)

___

(Gläubiger-Identifikationsnummer)

___

(Mandatsreferenz)

Ich ermächtige den [Name des Vereins] Zahlungen von meinem Konto mittels Lastschrift einzuziehen. Zugleich weise ich mein Kreditinstitut an, die vom *[Name des Vereins]* auf meinem Konto gezogenen Lastschriften einzulösen.

Hinweis: Ich kann innerhalb von acht Wochen, beginnend mit dem Belastungsdatum, die Erstattung des belasteten Betrags verlangen. Es gelten dabei die mit meinem Kreditinstitut vereinbarten Bedingungen.

Kontoinhaber/Bankverbindung:

Name: ______________________ Vorname: ______________________

Straße: ____

PLZ/Wohnort: ____

IBAN: ______________________ BIC: ______________________

Bankname: ____

______________________ ______________________

(Ort/Datum) (Unterschrift des Kontoinhabers)

3. Vorliegen eines Abbuchungsauftrages

Falls die Begleichung der Mitgliedsbeiträge bisher per Abbuchungsauftrag erfolgt, muss ein neues SEPA-Lastschriftmandat mit dem jeweiligen Vereinsmitglied abgeschlossen werden.

Eine Umwandlung, wie bei vorhandenen Einzugsermächtigungen, ist in diesem Fall nicht möglich.

4. Kontoinhaber nicht identisch mit Vereinsmitglied

Für den Fall, dass der Kontoinhaber, also der Zahlungspflichtige, nicht mit dem Vereinsmitglied identisch ist, muss ein zusätzlicher Passus in das SEPA-Lastschriftmandat aufgenommen werden. Derartige Sachverhalte kommen u. a. bei Ehepartnern oder bei Eltern, die den Beitrag für ihre Kinder begleichen, vor.

Ein Zusatz könnte wie folgt formuliert werden:

Muster

SEPA-Lastschriftmandat

...

Dieses SEPA-Lastschriftmandat gilt für die Mitgliedschaft des Vereinsmitglieds

____

(Name des Zahlungsempfängers (Vereins)

Anforderungen an SEPA-Lastschriften

Aufgrund der gesetzlichen Bestimmungen gibt es Neuerungen, die der Verein beachten und einhalten muss.

Pre-Notification (Vorabinformation)
Der Verein muss seine Mitglieder mindestens 14 Tage vor dem Fälligkeitstermin über die Belastung informieren. Diese Frist kann jedoch zwischen dem Verein und dem Vereinsmitglied abweichend vereinbart werden.

An eine Pre-Notification sind bestimmte Anforderungen zu stellen. Es muss den Mitgliedern jeweils der Betrag, die Fälligkeit, die Gläubiger-ID sowie die Mandatsreferenz mitgeteilt werden. Bei wiederkehrenden Zahlungen, wie z. B. Mitgliedsbeiträgen, ist für den Fall, dass die Fälligkeit periodisch festgelegt und den Mitgliedern in einer Pre-Notification mitgeteilt wurde, eine einmalige Information ausreichend.

Die Pre-Notification ist an keine bestimmte Form gebunden. Auch hier gilt, dass das jeweilige Vereinsmitglied in der geeigneten Art und Weise zu informieren ist. Eine Pre-Notification kann demnach u. a. per Brief, per E-Mail, per Vereinszeitschrift oder auf dem Aufnahmeantrag bzw. der Beitrittserklärung etc. erfolgen. Eine Pre-Notification kann ggf. auch aufgrund einer Satzungsgrundlage erfolgen, hier sollte jedoch Rücksprache mit dem jeweiligen Bankinstitut genommen werden.

Wichtig ist jedoch, dass für den Fall, dass sich aus irgendwelchen Gründen das Fälligkeitsdatum oder der Betrag ändert, eine erneute Pre-Notification an die entsprechenden Vereinsmitglieder notwendig ist. Selbiges gilt, wenn sich Gläubiger-ID, Mandatsreferenznummer oder Kontoverbindung ändern sollten.

Online-Verfahren
Sofern der Verein bisher den Einzug der Mitgliedsbeiträge beleghaft, per Diskette oder per USB-Stick bei der Bank eingereicht hat, muss der Verein seine Vorgehensweise neu organisieren, da der Einzug der Beiträge mittels SEPA ausschließlich online möglich ist.

SEPA-fähige Software

Die vom Verein eingesetzte Mitgliederverwaltungssoftware bzw. die Software, die der Verein für den Beitragseinzug verwendet, muss bestimmten Anforderungen entsprechen. Die Software muss für die Verarbeitung bzw. Bearbeitung Platzhalter für die Gläubiger-ID, die Mandatsreferenz, die IBAN, den BIC und das Mandatsdatum vorsehen. Bei vielen Programmen besteht die Möglichkeit die Kontodaten auf die IBAN und den BIC automatisch, praktisch per »Knopfdruck«, zu konvertieren.

Ferner sollte die Software eine SEPA-Mandatsverwaltung anbieten. Eine solche Mandatsverwaltung sollte die Möglichkeit einer Archivierung der Mandate, die Erkennung von Vorlauffristen für die Einreichung von Einmallastschriften und Folgelastschriften sowie die Anzeige des Status der Mandate respektive die Erkennung eines nicht mehr gültigen Mandats bieten und auch die Datumsangabe des SEPA-Mandats abbilden können. Ferner muss die eingesetzte Software die Unterstützung des SEPA-XML-Formats gewährleisten, da nur dieses Format das SEPA-Zahlungsverfahren unterstützt und online übermitteln kann.

Fristen

Durch die Einführung des SEPA-Zahlverfahren kommen auf den Verein neue Fristen zu, die es zu beachten gilt.

- **Gültigkeit der Lastschriftmandate**
  Ein Mandat muss immer innerhalb von 36 Monaten für den Einzug einer SEPA-Lastschrift verwendet werden. Sollte eine Verwendung in diesem Zeitraum unterbleiben, verfällt es und es muss erneut ein neues Mandat eingeholt werden.
- **Rückgabefrist**
  Erfolgt eine Belastung ohne ein gültiges SEPA-Lastschriftmandat, ergibt sich für den Zahlungspflichtigen ein Erstattungsanspruch von bis zu 13 Monaten nach der Belastungsabbuchung.
- **Widerruf**
  Die Vereinsmitglieder können von ihrem Widerrufsrecht innerhalb von bis zu acht Wochen nach dem Einzug Gebrauch machen.

- Einreichungsfristen/Vorlauffrist
  - SEPA-Lastschriften müssen mit einem bestimmten Fälligkeitsdatum und einer konkreten Vorlauffrist eingereicht werden.
  - Die bisherige Vorlauffrist von mehreren Tagen wird auf einen Tag im gesamten SEPA-Raum verkürzt. Dies gilt unabhängig davon, ob sie zum ersten Mal, wiederkehrend oder einmalig erfolgen.

Sonstiges
Nicht zuletzt muss der Verein seine im Geschäftsverkehr verwendeten Unterlagen aktualisieren — zum Beispiel müssen die Gläubiger-ID, die IBAN und der BIC auf den Vereinsbriefbögen aufgenommen werden.

Checkliste

Aufgabe	Zuständigkeit	Status
Auswahl eines SEPA-Beauftragten		
Beantragung Gläubiger-ID (Deutsche Bundesbank)		
Abschluss Inkassovereinbarung mit Bankinstitut		
Festlegung der Mandatsreferenz		
Festsetzung des Einzugstermins für Beiträge und Gebühren		
Ggf. Satzungsänderung, Änderung Beitragsordnung		
Änderung der bestehenden Beitrittserklärungen		
Änderung der bestehenden Aufnahmeanträge/ Kursanmeldungen		
Überprüfung der Software auf »SEPA-Fähigkeit«		
Umwandlung der bereits vorhandenen Einzugsermächtigungen		
Pre-Notification (Vorabinformation)		
Änderung der bestehenden Briefbögen und sonstigen Unterlagen mit den entsprechenden Angaben des Vereins		
Beachtung von Vorlauffristen und Einreichungsfristen		

Buchführungsglossar – die wichtigsten Fachbegriffe

Abgrenzung

Dieser Begriff der doppelten Buchführung bezeichnet die periodengerechte oder sachliche Zuordnung von Geschäftsvorfällen. Die Buchung dieser Beträge erfolgt als Abgrenzungsposten auf Abgrenzungskonten. Das Abschlusssammelkonto fasst die Abgrenzungsposten zusammen und führt sie als neutrales Ergebnis dem Gewinn- und Verlust-Konto zu.

Abgrenzung, sachlich

Auch Aufwendungen und Erträge, die nicht in direktem Zusammenhang zur betrieblichen Leistungserstellung stehen, sind in der Finanzbuchhaltung (Bilanz bzw. GuV) zu erfassen. Dabei werden durch Abgrenzungsrechnungen die Zahlenwerte im Vereins-Controlling in betriebliche und außerbetriebliche (neutrale) Aufwendungen und Erträge gesplittet. Kalkulatorische Kosten werden auch ausgewiesen, müssen aber über »verrechnete kalkulatorische Kosten« aus dem Ergebnis wieder herausgerechnet werden.

Abgrenzung, zeitlich

Mit der Rechnungsabgrenzung werden periodenfremde Aufwendungen und Erträge entsprechend ihrer wirtschaftlichen und erfolgswirksamen Zugehörigkeit auf eine oder auch mehrere andere Abrechnungsperiode(n) verteilt und gebucht (z. B. Versicherungen, Mieten, Zinsen, Steuer). Zu differenzieren ist dabei zwischen transitorischen und antizipativen Rechnungsabgrenzungsposten (RAP). Bei transitorischen RAP betrifft die geleistete Zahlung eine zukünftige Abrechnungsperiode, ein antizipativer RAP betrifft die gegenwärtige Abrechnungsperiode bei späterer Zahlung. In der Bilanz werden die transitorischen RAP als aktive bzw. passive Rechnungsabgrenzungsposten ausgewiesen, die antizipativen RAP unter sonstigen Forderungen bzw. Verbindlichkeiten. In der Einnahmen-Überschuss-Rechnung eines Vereins wird grundsätzlich auf die Zahlungen abgestellt. Abgegrenzt werden lediglich regelmäßig wiederkehrende Einnahmen und Ausgaben in einem Zeitraum von bis zu zehn Tagen vor und nach dem Jahresende.

Abschreibung

Die Absetzung für Abnutzung (AfA) ist ein Teilbetrag der Anschaffungs- bzw. Herstellungskosten des Vereins-Inventars. Die durch Überalterung, Verschleiß oder technischen Fortschritt entstehende Wertminderung von abnutzbaren Wirtschaftsgütern wird durch den Ansatz von Abschreibungen ausgewiesen. Zunächst werden die Anschaffungs- bzw. Herstellungskosten des jeweiligen Wirtschaftgutes im Anschaffungsjahr aktiviert (im Anlagevermögen aufgeführt), dann werden diese Kosten auf die Dauer mehrerer Nutzungsjahre (lt. amtlicher AfA-Tabellen) verteilt. Zu unterscheiden ist dabei die planmäßige (auf die voraussichtliche Nutzungsdauer) oder außerplanmäßige (bei unvorhergesehenem Wertverlust) Abschreibung.

Abschreibung, lineare

Eine jährliche konstante Abschreibungsquote des Wirtschaftsgutes wird ermittelt durch die Anschaffungs- bzw. Herstellungskosten, dividiert durch die Anzahl der Jahre der geschätzten Nutzungsdauer (AfA-Tabellen). Dieser Betrag wird dann in jedem Nutzungsjahr als Betriebsausgabe abgesetzt.

Aktiva

Aktiva bezeichnet die Summe der Vermögenswerte, welche auf der linken Seite der Bilanz (Aktivseite) aufgeführt werden (siehe auch Passiva). Zu den Aktiva gehören das Anlagevermögen, das Umlaufvermögen und die aktiven Rechnungsabgrenzungsposten.

Anlagenbuchhaltung

Mit der Anlagenbuchhaltung werden alle Wirtschaftsgüter des Anlagevermögens ordnungsgemäß nachgewiesen. Art-, mengen- und wertmäßig detailliert bzw. in Zusammenfassung gleichartiger Vermögensgegenstände werden der Anfangsbestand, die Zu- und Abgänge, die Abschreibungen und der Schlussbestand des Anlagevermögens in einem Wirtschaftsjahr aufgeführt. Die schriftliche Niederlegung der Entwicklung des Anlagevermögens erfolgt im Anlagespiegel als Anhang der Bilanz.

Anschaffungswertprinzip

Das Anschaffungswertprinzip ist Bestandteil der handelsrechtlichen Grundsätze ordnungsmäßiger Buchführung im Hinblick auf das Vorsichtsprinzip und den Gläubigerschutz. Die zu bilanzierenden Wirtschaftsgüter des Anlagevermögens sind mit dem Wert aus Anschaffungs- bzw. Herstellungskosten abzüglich AfA, erhöhten Absetzungen, Sonderabschreibungen und sonstigen Abzügen anzusetzen.

Aufbewahrungspflicht

Auch jedem buchhaltungspflichtigen Verein sind per Gesetz Zeiträume zur Aufbewahrung seiner Buchhaltungsunterlagen auferlegt. Die Aufbewahrungspflicht endet mit der Aufbewahrungsfrist (zehn Jahre für Bücher und Belege, sechs Jahre für Korrespondenz). Bei Nichtbeachtung der Aufbewahrungsfristen kann es zu einer Schätzung der Besteuerungsunterlagen kommen.

Aufwandskonten

Sammelbezeichnung aller Konten, welche zur Erfassung und Verrechnung der Aufwendungen dienen. Dabei wird unterschieden in Konten des betrieblichen und des außerbetrieblichen Aufwands.

Ausgabe

Betriebsausgaben sind die Aufwendungen, die durch den Betrieb (Zweckbetrieb/Geschäftsbetrieb) veranlasst sind und in Geld oder Geldwert abfließen. Dazu gehört auch das Eingehen von Verbindlichkeiten und Vorauszahlungen. Nicht alle Betriebsausgaben sind abzugsfähig, teilweise überhaupt nicht oder nur beschränkt. In der Regel mindern Ausgaben in ihrer Gesamthöhe das Geldvermögen bzw. den Gewinn in dem Jahr, in welchem sie gemacht wurden. Ausnahme ist die Verteilung der Anschaffungs- bzw. Herstellungskosten von Wirtschaftsgütern des Anlagevermögens auf die Nutzungsjahre und somit ist nur die jährliche AfA bei der Gewinnermittlung abzuziehen.

Auszahlung

Eine Auszahlung ist ein Geschäftsvorfall, welcher zu einer Minderung des Zahlungsmittelbestands (Kasse, Bank) führt.

Beleg

Ob nun manuell oder computergestützt – jede doppelte Buchführung gründet auf Belegen. Jeder Geschäftsvorfall ist schriftlich mit seinen Merkmalen zu dokumentieren und muss anhand dieses Belegs nachprüfbar sein – keine Buchung darf ohne Beleg erfolgen! Man unterscheidet folgende Belege:

- Fremdbelege wie eingegangene Rechnungen, Quittungen, Überweisungsscheine usw.;

- Eigenbelege wie selbst erstellte Abrechnungen, Rechnungskopien, Quittungen usw. (als Eigenbelege zählen auch sog. Notbelege, d. h. Ersatzausfertigungen für verloren gegangene Fremdbelege und in Fällen, in denen üblicherweise keine anfallen, z. B. bei Parkuhr oder Trinkgeldern);
- interne Belege als Anweisungen über Umbuchungen oder Verrechnungen.

Bestandskonto

Auf Bestandskonten werden die Veränderungen der Bilanzpositionen, d. h. alle Zu- und Abgänge eines Bestands mit gleichem Wertansatz erfasst. Zu den Bestandskonten gehören das Kassen-, Bank- oder Postgirokonto, Besitz- und Schuldwechselkonto, Debitoren- und Kreditorenkonto. Vermögensgegenstände werden dabei auf den aktiven, Kapitalbestände auf den passiven Bestandskonten geführt.

Bestandskonto, aktiv

Aktive Bestandskonten weisen die Vermögensgegenstände eines Vereins aus. Auf der Aktivseite stehen das Anlagevermögen, das Umlaufvermögen und die aktiven Rechnungsabgrenzungsposten. Die Endbestände aus der Schlussbilanz des vorangegangenen Wirtschaftsjahrs werden in der Eröffnungsbilanz des neuen Wirtschaftsjahrs auf die Sollseite gebucht. Die Zugänge auf einem Aktivkonto erhöhen dessen Bestand und werden auf der Sollseite erfasst, Abgänge auf der Habenseite, Saldo auf der Habenseite. Bei einem Aktivtausch nimmt ein Konto der Aktivseite ab und ein anderes der Aktivseite zu (z. B. Barkauf eines Fahrzeugs).

Bestandskonto, passiv

Passive Bestandskonten weisen die Kapitalbestände eines Vereins aus. Auf der Passivseite stehen das Eigenkapital, die Schulden und die passiven Rechnungsabgrenzungsposten. Die Endbestände aus der Schlussbilanz des vorangegangenen Wirtschaftsjahrs werden in der Eröffnungsbilanz des neuen Wirtschaftsjahrs auf die Habenseite gebucht. Die Zugänge auf einem Passivkonto erhöhen dessen Bestand und werden auf der Habenseite erfasst, Abgänge auf der Sollseite, Saldo auf der Sollseite. Bei einem Passivtausch nimmt ein Konto der Passivseite ab und ein anderes Konto der Passivseite zu (z. B. Rechnungsausgleich durch Inanspruchnahme des Überziehungskredits).

Betriebsergebnis

Die (Teil-)Betriebsergebnisse der Zweckbetriebe und wirtschaftlichen Geschäftsbetriebe ergeben sich jeweils aus der Differenz zwischen den Erträgen und Aufwendungen in einer Abrechnungsperiode. Allerdings entsprechen diese Betriebsergebnisse nicht dem gesamten Vereinsergebnis. Zusätzlich sind hier die Ergebnisse aus dem ideellen Bereich, der ertragssteuerneutralen Posten und der steuerbegünstigten Vermögensverwaltung hinzuzurechnen.

Bilanz

Die Bilanz ist eine Gegenüberstellung von Vermögen und Kapital zum Abschluss des Wirtschaftsjahrs. Sie ist klar, übersichtlich und in Euro zu einem Bilanzstichtag aufzustellen. Anlage- und Umlaufvermögen, Eigenkapital, Schulden sowie Rechnungsabgrenzungsposten sind gesondert auszuweisen und aufzugliedern. Die Bilanz wird in Kontenform dargestellt. Die Aktivseite (Sollseite) weist das Vermögen, d. h. die Verwendung der finanziellen Mittel (z. B. für Gebäude, Maschinen, Vorräte) aus. Die Passivseite (Habenseite) zeigt das Kapital an, d. h. die Herkunft der finanziellen Mittel (z. B. aus Einlagen, Gewinne, Kredite). Es gilt das Prinzip der Bilanzgleichung: Aktiva = Passiva, d. h. beide Seiten der Bilanz müssen wertmäßig in der Bilanzsumme übereinstimmen und Aktivkonten dürfen nicht mit Passivkonten verrechnet werden. Für Vereine gibt es neben der Einnahmen-Überschuss-Rechnung zusätzlich eine Vermögensübersicht, die sich an den Bilanzpositionen orientiert.

Bilanz, Aktivseite

In der Finanzbuchhaltung wird in Bestands- und Erfolgskonten unterschieden, wobei die Bestandskonten wiederum in Aktiv- und Passivkonten aufgeteilt werden. Auf der Aktivseite (Sollseite) wird das Betriebsvermögen ausgewiesen, d. h. die Verwendung der finanziellen Mittel (z. B. Vereinsgebäude, Fahrzeuge, Büroausstattung). Der sich ergebende Saldo wird als positiver Bestand unter Aktiva in der Bilanz ausgewiesen.

Bilanz, Passivseite

In der Finanzbuchhaltung wird in Bestands- und Erfolgskonten unterschieden, wobei die Bestandskonten wiederum in Aktivkonten und Passivkonten aufgeteilt werden. Auf der Passivseite (Habenseite) werden die finanziellen Mittel ausgewiesen, d. h. deren Herkunft (Eigen- und Fremdkapital).

Bücher der doppelten Buchführung

Die Geschäftsbücher der kaufmännischen Buchführung sind:

- Grundbuch (Journal) = chronologische Erfassung aller Geschäftsvorfälle
- Hauptbuch = Übernahme aus dem Grundbuch und systematische Kontenzuordnung
- Nebenbücher = jene Bücher, die einzelne Bereiche des Hauptbuchs näher erläutern, z. B. Kassenbuch, Lohn- und Gehaltsbuch, Wareneinkaufsbuch
- Die Aufzeichnungen in den Geschäftsbüchern müssen den Grundsätzen ordnungsmäßiger Buchhaltung (GoB) entsprechen.

Buchführung

Mit der Buchführung werden alle Geschäftsvorfälle ordnungsgemäß und lückenlos unter Beachtung der Grundsätze ordnungsmäßiger Buchhaltung (GoB) aufgezeichnet. Hauptaufgabe der Buchführung ist die Ermittlung des Vereinsergebnisses und die Darstellung von Vermögenslage und Vermögensveränderungen. Die Daten und Zahlen dienen zur Kontrolle und einem wirksamen Controlling, als Grundlage der Besteuerung und als Dokumentations- und Beweismittel gegenüber Außenstehenden. Die Buchhaltung besteht aus zwei Bereichen:

- Die Finanzbuchhaltung, welche den äußeren (offiziellen) Geschäftskreis (Kunden, Lieferanten, sonstige finanzielle Beziehungen) erfasst und den Jahresabschluss aufstellt.
- Die Betriebsbuchführung für das Vereinscontrolling, welche den innerbetrieblichen Leistungsbereich in der Kostenrechnung darstellt (Gegenüberstellung von Leistung und Kosten).

Bei der einfachen Buchführung wird ein Geschäftsvorfall nur auf ein Konto, bei der doppelten Buchführung auf mindestens zwei Konten (Soll und Haben) verbucht.

Buchführung, doppelte

Bei der doppelten Buchführung wird der Geschäftsvorfall auf mindestens zwei Konten (Soll und Haben) verbucht, welche im Buchungssatz benannt werden. Die Ermittlung des Ergebnisses einer Abrechnungsperiode geschieht zweifach, d. h. einmal durch die Bilanz und dann auch durch die Gewinn- und Verlust-Rechnung bzw. beim Verein in der Vermögensübersicht und der Einnahmen-Überschuss-Rechnung.

Buchführung, einfache

Bei der einfachen Buchführung wird ein Geschäftsvorfall jeweils nur auf einem Konto verbucht. Der Erfolg wird nur durch eine Vergleichsrechnung, d. h. Endvermögen abzüglich Anfangsvermögen, festgestellt.

Buchführung, ordnungsmäßige Grundsätze (GoB)

Inhalt und Form der Buchführung werden durch die GoB geregelt. Außenstehende (Finanzamt, Banken, Gläubiger, Nachfolger, Wirtschaftsprüfer) sollen sich möglichst schnell und umfassend ein Bild über die Ertrags- und Vermögenslage des Vereins machen können. Die Buchführung hat in einer lebenden Sprache zu erfolgen bzw. unter Verwendung eindeutiger Ziffern, Buchstaben und Symbolen, ist in Deutschland aufzubewahren und der Jahresabschluss ist in deutscher Sprache und in Euro aufzustellen. Die Grundsätze beinhalten, dass alle Vermögensgegenstände und Schulden einzeln, wahrheitsgemäß, eindeutig, mit der korrekten Bezeichnung und dem richtigen Wert chronologisch und systematisch aufgezeichnet werden müssen.

Buchführungspflicht

Nach Handelsrecht ist nur der Kaufmann verpflichtet, Bücher zu führen und in diesen seine Handelsgeschäfte und die Lage seines Vermögens nach den Grundsätzen ordnungsmäßiger Buchführung (GoB) ersichtlich zu machen. Vereine werden aus steuerlichen Gründen nur dann buchführungspflichtig, wenn sie aus ihren Geschäftsbetrieben einen Gewinn über 60.000 Euro oder Umsätze über 600.000 Euro erzielen (Stand 1.1.2018).

Buchung, automatische

In Buchhaltungsprogrammen können Konten mit Automatikfunktionen versehen werden, so z. B. Erlöskonten mit 19 % Umsatzsteuer. Eine Buchung auf einem solchen Konto löst eine automatische Verbuchung der Umsatzsteuer aus. Aus dem Bruttobetrag wird die Umsatzsteuer herausgerechnet und auf dem richtigen Konto automatisch erfasst.

Buchung, einfache

Bei der einfachen Buchung werden nur zwei Konten angesprochen (z. B. Gehaltskonto an Bankkonto).

Buchung ohne Beleg

Jeder Geschäftsvorfall ist schriftlich mit seinen Merkmalen zu dokumentieren und muss anhand eines Belegs nachprüfbar sein. Keine Buchung darf ohne Beleg erfolgen! Für verlorengegangene Fremdbelege und in Fällen, in denen üblicherweise keine Belege anfallen (z. B. Parkuhr, Trinkgelder), können sogenannte Notbelege, d. h. Eigenbelege, erstellt werden. Eigenbelege sind auch betriebsintern erstellte Abrechnungen, Rechnungskopien, Quittungen usw.

Buchung, zusammengesetzte

Eine zusammengesetzte Buchung verbucht einen Geschäftsvorfall auf mehreren Konten auf der Soll- oder Habenseite (Splittbuchung).

Buchungssatz

Mit dem Buchungssatz wird der Geschäftsvorfall auf mindestens zwei Konten genannt. Dabei wird immer das erste Konto belastet (Soll) und das zweite als Gegenkonto (Haben) angesprochen (z. B. Kasse an Warenverkauf). Das Prinzip Soll an Haben bleibt bei jeder Buchung, gleich wie viele Konten der Buchungssatz anspricht. Wenn die Summen der Soll- und Haben-Posten eines Buchungssatzes mit dem Buchungsbetrag identisch sind, wurde wertmäßig richtig verbucht.

Durchlaufende Posten

Durchlaufende Posten sind Beträge, welche zwar in den eigenen Vermögensbereich eingehen, jedoch in gleicher Höhe an Dritte wieder weitergegeben werden. Dabei muss es sich um tatsächliche Fremdgelder handeln, d. h. im Namen eines und für einen Dritten vereinnahmte und verausgabte Gelder (z. B. Sammlungen, Benefizveranstaltungen). Sie werden auf dem Bank- oder Kassenkonto erfasst, in der Betriebsbuchführung allerdings nicht berücksichtigt. Durchlaufende Posten gehören nicht zum umsatzsteuerpflichtigen Entgelt des Vereins. Sie sind getrennt von den eigenen Vermögenswerten auf einem besonderen Verrechnungskonto erfolgsneutral zu erfassen.

E-Bilanz

Der neu eingeführte § 5b Einkommensteuergesetz bestimmt, dass der Inhalt der Bilanz sowie der Gewinn- und Verlustrechnung (GuV) nach amtlich vorgeschriebenem Datensatz durch Datenfernübertragung zu übermitteln ist. Diese Verpflichtung betrifft solche Vereine nicht, die nur eine Einnahmen-Überschussrechnung erstellen müssen. Allerdings sind diese Steuererklärungen

wie die Anlage EÜR nach § 25 Abs. 4, § 5b Einkommensteuergesetz ab 2011 ohnehin in elektronischer Form abzugeben.
Ist jedoch der Verein für seine Geschäftsbetriebe verpflichtet, Bilanz und GuV aufzustellen, so sind sie auch nach § 5b Einkommensteuergesetz elektronisch zu übermitteln.

Eigenkapital
Das Eigenkapital der Vereine wird als Vereinsvermögen bezeichnet. Es steht dem Verein unbefristet zur Verfügung und zeigt in der Bilanz/Vermögensübersicht den wirtschaftlichen Erfolg, die Finanzkraft und die Kreditwürdigkeit auf. Unterschieden werden Gewinnrücklagen und Ergebnisvorträge der einzelnen Vermögensbereiche. In der Bilanz/Vermögensübersicht stellt es die Differenz zwischen den Vermögenswerten (Aktiva) und den Verbindlichkeiten (Passiva) dar.

Eingangsrechnungen
In der Regel sind dies Lieferanten- oder Dienstleistungsrechnungen (Fremdbelege), welche unter Berücksichtigung des entsprechenden Vorsteuerabzuges (7 %/19 %) zu buchen sind.

Einnahmen
Einnahmen sind der Zufluss von Zahlungsmitteln in Geld oder Geldwert und/oder Erwerb von Forderungen, auch Dienstleistungen oder Nutzungsrechte. Sie sind nicht immer auch gleichzusetzen mit Einzahlungen, Erträgen oder Einlagen und somit davon abzugrenzen. Da Einnahmen das Vereinsvermögen erhöhen, wird bei dessen Verbuchung immer ein Aktivkonto auf der Sollseite und als Gegenkonto ein Bestands- oder Ertragskonto angesprochen.

Einnahmen-Überschuss-Rechnung
Im Regelfall besteht die Gewinnermittlung eines Vereins in Einnahmen-Überschuss-Rechnungen für die einzelnen Vereinsbereiche. Dabei handelt es sich jeweils um eine Gegenüberstellung von zahlungswirksamen Einnahmen und Ausgaben sowie Abschreibungen. Für die Vermögensverwaltung ist steuerlich eine Einnahmen-Überschuss-Rechnung sogar vorgeschrieben. In den wirtschaftlichen Geschäftsbetrieben führt erst die Buchführungspflicht und Aufforderung durch das Finanzamt zur Bilanzierung.

Einzahlung

Eine Einzahlung ist ein Geschäftsvorfall, dessen zufließender Zahlungsmittelbetrag den Zahlungsmittelbestand (Kasse, Bank) erhöht. Dazu gehören z. B. Eintrittsgelder in der Kasse oder der Eingang von Werbeeinnahmen auf dem Bankkonto. Einzahlungen sind von Einnahmen und Erträgen abzugrenzen.

Erfolgsrechnung

Der Vereinserfolg einer Abrechnungsperiode wird durch eine Erfolgsrechnung ermittelt. Dabei können verschiedene Arten der Erfolgsrechnung angewandt werden, die unterschiedliche Betrachtungsweisen ansetzen:

- Gewinn- und Verlust-Rechnung (GuV):
  Differenz zwischen Aufwendungen und Erträgen = Jahresüberschuss oder -fehlbetrag (externe Erfolgsrechnung, d. h. inklusiv des neutralen Ergebnisses) bei Buchführungspflicht der Geschäftsbetriebe;
- Betriebsergebnisrechnung (kurzfristige Erfolgsrechnung):
  in der Kostenrechnung (Kosten, Leistungen) Ermittlung des betrieblichen Ergebnisses (interne Erfolgsrechnung, d. h. ohne das neutrale Ergebnis);
- Einnahmen-Ausgaben-Rechnung (Einnahmen-Überschuss-Rechnung):
  Gegenüberstellung von zahlungswirksamen Einnahmen und Ausgaben. In der Regel die Erfolgsrechnung für Vereine, sofern keine Buchführungspflicht besteht. Für die Vermögensverwaltung ist eine Einnahmen-Überschuss-Rechnung in jedem Fall vorgesehen.

Ertragskonten

Sammelbezeichnung aller Konten, welche zur Erfassung und Verrechnung der Erträge dienen. Ertragskonten sind Unterkonten, auf denen eine Mehrung des Vereinsvermögens gebucht wird, d. h. Ertrag wird im Haben gebucht. Wie bei den Aufwandskonten wird unterschieden in Konten des betrieblichen Ertrags und des außerbetrieblichen Ertrags.

Fakturierung

Darunter versteht man die ordnungsgemäße Erstellung von Rechnungen und Gutschriften mit Umsatzsteuerausweis und deren Verbuchung. Dazu gehört neben der Soll-Erfassung der Forderungen auch die Berücksichtigung von Skonti, Boni und Rabatten.

Finanzbuchhaltung

Die Finanzbuchhaltung basiert auf dem Grundbuch mit der chronologischen Erfassung der Geschäftsvorfälle, dem Hauptbuch mit der systematischen Erfassung der Geschäftsvorfälle und den die Buchungen ergänzenden und vertiefenden Nebenbüchern. Die Finanzbuchhaltung liefert das Zahlenmaterial für die Bilanz/Vermögensübersicht und die Gewinn- und Verlust-Rechnung bzw. der Einnahmen-Überschuss-Rechnung nach vereins- und steuerrechtlichen Vorschriften.

Geldvermögen

Das Geldvermögen ist der Zahlungsmittelbestand (Kasse, Bank) zuzüglich der Forderungen aus Lieferungen und Leistungen. Durch Einnahmen wird das Geldvermögen erhöht, durch Ausgaben verringert.

Geringwertige Wirtschaftsgüter (GWG)

Geringwertige Wirtschaftsgüter sind bewegliche Gegenstände des Anlagevermögens, die selbstständig nutzbar sind und in keinem technischen Nutzungszusammenhang mit anderen Gegenständen stehen. So sind z. B. Drucker für sich alleine nicht selbstständig nutzbar, Multifunktionsgeräte als zusätzliches Kopier- und Faxgerät hingegen doch. Ihre Nutzungsdauer beträgt mehr als ein Jahr. Als geringwertig gelten Wirtschaftsgüter bis zu Anschaffungs- oder Herstellungskosten von 800 € netto (bis 2017: 410 €). Der Unternehmer kann wahlweise die Kosten im Jahr der Anschaffung bzw. Herstellung sofort absetzen oder auf die Nutzungsdauer verteilen.
Die GWG sind aufzulisten oder in der Buchhaltung zu bezeichnen. Für GWG bis zum Wert von 250 € ist dies nicht erforderlich.

Geschäftsvorfall

Unter Geschäftsvorfall versteht man jeglichen Transfer von Vermögenswerten innerhalb des Vereins oder seines wirtschaftlichen Umfelds. In der Buchhaltung sind sämtliche Geschäftsvorfälle zu erfassen, teilweise mit Auswirkungen auf mehrere Vermögenspositionen.

Beispiele für Geschäftsvorfälle:

- Ticketverkauf an der Kasse (Erhöhung des Kassenbestands, der Umsatzerlöse und der Umsatzsteuerschuld);

- Übernahme eines Lizenzspielers für eine sportliche Sonderveranstaltung (Erhöhung der Aufwendungen für Ablösezahlungen zu Lasten des Bankkontos).

Kein Geschäftsvorfall liegt vor,

- wenn das beantragte Darlehen jederzeit bereitgestellt werden kann;
- bei der Zusage, »die Lieferung, der Scheck, die Bestellung, der unterschriebene Vertrag ist unterwegs«, »Schwebende Geschäfte« und »drohende Risiken« zu erfassen und zu bewerten ist Aufgabe des Jahresabschlusses;
- bei einer Bürgschaftserklärung für eine Investition; diese wird so lange nicht als Geschäftsvorfall erfasst, wie sie nicht in Anspruch genommen wird.

Man kann auch sagen, jeder Geschäftsvorfall verändert jeweils mindestens zwei Werte in der Bilanz bzw. der Vermögensübersicht.

Gewinn- und Verlust-Konto

Aufwendungen und Erträge werden im laufenden Wirtschaftsjahr auf Aufwands- bzw. Ertragskonten gebucht. Damit beim Jahresabschluss das Kapitalkonto nicht zu unübersichtlich wird, schaltet man bei der Gewinn- und Verlust-Rechnung das Gewinn- und Verlust-Konto vor. Auf dieses GuV-Konto werden die Salden der Aufwandskonten im Soll übernommen, die der Ertragskonten im Haben. Der Saldo (Differenz aller Aufwendungen und Erträge) des GuV-Kontos wird dann an das Kapitalkonto übergeben.

Grundbuch (Journal)

Das Grundbuch ist eines der Geschäftsbücher der doppelten Buchführung, in dem die Geschäftsvorfälle in chronologischer Reihenfolge erfasst und später auf die Konten des Hauptbuchs übertragen werden. Die Einträge müssen gemäß den Grundsätzen ordnungsmäßiger Buchführung (GoB) fortlaufend, vollständig und richtig sein.

Haben

In der Buchhaltung wird damit die rechte Seite eines Kontos bezeichnet:

- bei den Aktivkonten die Vermögensminderungen (Abgänge, Abschreibungen)
- bei den Passivkonten die Schuldenmehrungen
- bei den Eigenkapitalkonten die Kapitalzunahme (Gewinnrücklagen und -vorträge)

- bei den Erfolgskonten die Erträge
- bei den Aufwandskonten Kostenersatz und andere Aufwandsminderungen.

Auf dem Bankauszug bedeutet Haben die Sicht der Bank, nämlich deren Verbindlichkeiten gegenüber dem Verein.

Hauptbuch

Das Hauptbuch sammelt die bereits im Grundbuch aufgezeichneten Geschäftsvorfälle systematisch auf entsprechenden Sachkonten. Die daraus resultierenden Salden bilden die Grundlage für die Bilanz am Ende einer Abrechnungsperiode. Die Sachkonten werden dann tabellenartig nebeneinander gesetzt.

Höchstwertprinzip

Das Höchstwertprinzip ist ein Bewertungsgrundsatz der Bilanz. Es bedeutet, dass bei der Bewertung von Verbindlichkeiten immer der höhere von zwei Wertansätzen gewählt werden muss.

Ideeller Bereich

Im ideellen Bereich sind die nicht steuerbaren Einnahmen und Ausgaben zugeordnet, die unmittelbar dem (ideellen) Vereinszweck dienen. Auf der Einnahmenseite sind dies Mitgliedsbeiträge, Aufnahmegebühren, Zuschüsse. Auf der Ausgabenseite stehen Abschreibungen, Personalkosten und Raumkosten, die nicht im Zusammenhang mit Geschäftsbetrieben stehen. Als steuerneutrale Einnahmen sind außerdem Schenkungen, Spenden, Erbschaften und Vermächtnisse dem ideellen Bereich zuzurechnen. Als nicht abziehbare Ausgaben kommen wiederum hingegebene Spenden in Betracht.

Imparitätsprinzip

Das Vorsichtsprinzip der ordnungsmäßigen Bilanzierung verlangt, dass alle erkennbaren Risiken und drohenden Verluste ausgewiesen werden müssen, auch wenn sie noch nicht realisiert wurden. Dies gilt jedoch nicht für noch nicht realisierte Gewinne. Diese dürfen nicht ausgewiesen werden.

Inventar

Unter dem Begriff »Inventar« versteht man zum einen die zu einem Verein gehörenden allgemeinen Vermögensgegenstände; zum anderen wird mit dem Begriff Inventar das Verzeichnis benannt, in welchem einzeln die Vermögensgegenstände (Grundstücke, Forderungen, Bargeld, sonstige Vermögensgegenstände) und Schulden (Verbindlichkeiten) mengenmäßig mit ihrem jeweiligen Wert zum Inventurstichtag dokumentiert sind. Ein Inventar ist mit der Geschäftseröffnung und dann als Grundlage für die Bilanz immer zum Schluss eines Wirtschaftsjahrs aufzustellen. Das Inventar wird im Rahmen einer Inventur, d. h. den Aufnahmearbeiten, in Listen- oder Kastenform erstellt und dient der Korrektur der in der Buchführung ausgewiesenen Bestände (auch Warenlager).

Inventur, Stichproben

Die Inventur ist eine mengen- und wertmäßige Bestandsaufnahme des Vermögens und der Schulden eines Vereins zu einem Stichtag. Es gibt die körperliche Bestandsaufnahme durch Zählen, Messen und Wiegen sowie die Buchinventur durch Abstimmen der Forderungen und Verbindlichkeiten. Bei der Stichprobeninventur wird ein beliebig ausgewählter Teil einer zusammengehörenden Einheit geprüft (Auswahl durch Zufall).

Inventur, Stichtag

Bei der Stichtagsinventur werden an einem bestimmten Tag alle Bestände körperlich aufgenommen (Gegensatz: permanente oder zeitverschobene Inventur). Bestände, die z. B. durch Schwund, Verderb oder Diebstahlrisiko gefährdet sind, müssen durch eine Stichtagsinventur erfasst werden. Die Aufnahme muss innerhalb von zehn Tagen um den Bilanzstichtag erfolgen, wobei Bestandsveränderungen in dieser Zeit zu berücksichtigen sind.

Jahresabschluss

Mit dem Jahresabschluss wird die laufende Buchführung eines Wirtschaftsjahrs abgeschlossen. Er setzt sich zusammen aus der Bilanz als komprimierte Fassung des Inventars und der Gewinn- und Verlust-Rechnung. Die Salden der Bestandskonten werden in die Bilanz übernommen. Die Erfolgskonten werden über das GuV-Konto abgeschlossen und fließen über das Kapitalkonto in die GuV-Rechnung. Bei der für Vereine üblichen Gewinnermittlung durch Einnahmen-Überschuss-Rechnung werden lediglich die Einnahmen den Ausgaben gegenübergestellt. In der Vermögensübersicht sind die Vermögenswerte und Schulden für den ideellen Bereich und die wirtschaftlichen Geschäftsbetriebe getrennt dargestellt.

Kassenbericht

Der Kassenbericht als Tagesabschluss ist die Mindestbuchführung zum schriftlichen Nachweis der täglichen Ein- und Ausgänge des Bargelds. Damit wird der

Tagesumsatz ermittelt, eine Kassenkontrolle durchgeführt und der Sammelbeleg für das Kassenbuch und dessen Buchungen erstellt.

Kassenbestand

Der tägliche Kassenbestand wird durch den Kassensturz ermittelt. Dabei wird durch Zählung das tatsächliche, sich in der Kasse befindende Bargeld festgestellt. Der Kassenbestand ergibt sich aus:

	Kassenbestand des Vortags
+	Geldeingänge (z. B. Barverkäufe, Abhebungen vom Bankkonto)
–	Ausgaben (Bezahlung von Rechnungen, Einzahlungen aufs Bankkonto)
=	Kassenbestand bei Kassenabschluss

Klarheit

Klarheit ist einer der Grundsätze ordnungsmäßiger Buchführung (GoB) und bedeutet die korrekte, eindeutige und verständliche Bezeichnung des Geschäftsvorfalls.

Kleinbetragsrechnung

Die Anforderungen an eine ordnungsmäßige Rechnung sind ziemlich umfangreich und bei unvollständigen Angaben droht der Verlust der Vorsteuer. Erleichterungen mit lediglich 4 Pflichtangaben gibt es für Kleinbetragsrechnungen bis in Höhe von 250 EUR Bruttobetrag:

1. vollständiger Name und die vollständige Anschrift des leistenden Unternehmers,
2. das Ausstellungsdatum,
3. die Menge und die Art der gelieferten Gegenstände oder den Umfang und die Art der sonstigen Leistung und
4. den Bruttorechnungsbetrag sowie den anzuwendenden Steuersatz (»enthält 7% USt« bzw. »enthält 19% USt«) oder ggf. den Hinweis auf eine Steuerbefreiung.

Freiwillige zusätzliche Angaben sind nicht nur überflüssig sondern können bei Fehlern ebenfalls den Vorsteuerabzug gefährden.

Kontenarten
Eine ordnungsmäßige doppelte Buchführung unterscheidet Sachkonten und Personenkonten. Die Sachkonten gliedern sich in die Bestands- und Erfolgskonten. Die Bestandskonten können sowohl jeweils Aktiv- oder Passivkonten sein. Die Erfolgskonten setzen sich zusammen aus den Aufwands- und Ertragskonten. Personenkonten sind die Konten der Kunden (Debitorenkonten) und der Lieferanten (Kreditorenkonten).

Kontenrahmen
Der Kontenrahmen ist eine systematisch gegliederte Richtlinie für die einheitliche Einrichtung der Konten in der doppelten Buchführung. Die Konten werden in Kontenklassen gegliedert, welche wiederum in Kontengruppen aufgeteilt sind. Die verschiedenen Kontenrahmen sind meist nach den Empfehlungen der Wirtschafts- und Fachverbände sowie der DATEV eG aufgestellt. Für die Vereine ist das aktuell der SKR 49. Da in einem Verein kaum alle Konten eines Kontenrahmens für die Verbuchung der Geschäftsvorfälle benötigt werden, werden nur die tatsächlich erforderlichen Konten in einen individuellen Kontenplan zusammengefasst.

Konto
Neben dem Konto im Bankwesen (Bankkonto) gibt es in der doppelten Buchführung eine Verrechnungsstelle (Konto), auf der die Entstehung und Abwicklung eines Geschäftsvorfalls dargestellt wird. Die wertmäßige Erfassung von gleichartigen Geschäftsvorfällen erfolgt in Form einer zweiseitig geführten Rechnung (Verbuchung). Jedes Konto hat eine Sollseite (linke Seite) und eine Habenseite (rechte Seite), auf denen die Zu- und Abgänge entsprechend festgehalten werden. Die Differenz aus den Kontobewegungen ist der Saldo.

Konto, Buchung
Die Buchung auf einem Konto (Buchungsstelle) ist die Erfassung eines Geschäftsvorfalls aufgrund eines Belegs.

Kontoform
Die Kontoform ist neben der Staffelform eine Gliederungsmöglichkeit der Gewinn- und Verlust-Rechnung. Aus der Kontoform lassen sich vor allem Mittelherkunft und -verwendung gut ableiten.

Lohn- und Gehaltsbuchhaltung

Mit der Lohn- und Gehaltsabrechnung werden für jeden Mitarbeiter die Löhne und Gehälter ermittelt (Lohnkonto). Die Lohn- und Gehaltsbuchhaltung als ein Nebenbuch nimmt die Erfassung, Abrechnung und Auszahlung der Arbeitsentgelte (Löhne, Gehälter), Lohnsteuer und Sozialkassen usw. vor. Die somit vorbereiteten Daten werden anschließend in die Finanzbuchhaltung zur weiteren Abwicklung übernommen.

Mindestlohn

Seit dem 1.1.2015 ist von Vereinen das Mindestlohngesetz (MiLoG) zu beachten. Lediglich Zahlungen an Amateursportler im Rahmen von Minijobs sind ausgenommen. Bei Zahlungen an Übungsleiter/Trainer/Platzwarte über die Freibeträge hinaus kann es sich dagegen bereits um reguläre arbeitsrechtliche Beschäftigungsverhältnisse handeln. Das MiLoG kennt darüber hinaus allgemeine Ausnahmeregelungen für Langzeitarbeitslose, Jugendliche unter 18 Jahren und Praktikanten. Ehrenamtliche ohne Entgelt sind ebenfalls nicht betroffen.

Nebenbücher

Die Nebenbücher sind die Hilfsbücher, welche die auf Sachkonten im Hauptbuch gebuchten Geschäftsvorfälle ergänzen bzw. näheren Aufschluss geben, z. B. Kassenbuch, Debitoren- und Kreditorenbuchhaltung, Anlagenbuchhaltung, Lohn- und Gehaltsbuchhaltung usw.

Nebenbuchhaltung

Nebenbuchhaltung ist die Führung von Nebenbüchern. Sehr umfangreiche Buchhaltungen werden nicht nur in Grund- und Hauptbuch gegliedert, sondern es sind weitere Unterteilungen in sogenannte Nebenbücher notwendig. Nebenbücher sind z. B. das Kassenbuch, die Anlagenbuchhaltung, das Wareneingangsbuch, die Lohn- und Gehaltsbuchhaltung, die Kontokorrentbücher (Geschäftspartner) und das Wechselbuch.

Nettovermögen

Das Vermögen eines Vereins setzt sich aus dem Anlage- und dem Umlaufvermögen (Aktiva) zusammen. Dieses Bruttovermögen abzüglich der Schulden ergibt das Nettovermögen, d. h. das Eigenkapital des Vereins (Vereinsvermögen).

Niederstwertprinzip

Das Niederstwertprinzip ist ein Bewertungsgrundsatz in der Bilanz/Vermögensübersicht. Es bedeutet, dass bei der Bewertung von Vermögensgegenständen immer der niedrigere von zwei Wertansätzen (Anschaffungs- bzw. Herstellungskosten und dem am Bilanzstichtag gültigen Zeit- bzw. Tageswert) gewählt werden muss. Mit der Anwendung des Niederstwertprinzips wird dem Gläubigerschutz und der Spekulationsbewertung Rechnung getragen. Jedoch kann die Anwendung des Niederstwertprinzips dazu führen, dass Verluste schon vor ihrer Realisierung in Erscheinung treten.

Niederstwertprinzip, gemildert

Das gemilderte Niederstwertprinzip erlaubt bei einer voraussichtlich nur vorübergehenden Wertminderung eines Anlageguts die Wahl, ob der niedrigere Zeitwert angesetzt wird.

Niederstwertprinzip, streng

Das strenge Niederstwertprinzip verpflichtet zur außerplanmäßigen Abschreibung, wenn der Zeitwert des Umlaufgegenstands niedriger ist als die ehemaligen Anschaffungs- bzw. Herstellungskosten (abzüglich AfA) und bei abnutzbaren Anlagegegenständen die Wertminderung voraussichtlich auch andauert. Damit soll dem Ansatz von überhöhten Werten in der Bilanz/Vermögensübersicht entgegengewirkt werden.

Passiva

Passiva bezeichnet die Summe der finanziellen Mittel eines Vereins, die auf der rechten Seite der Bilanz (Passivseite) aufgeführt werden (siehe auch Aktiva). Zu den Passiva gehören das Eigenkapital (Vereinsvermögen), das Fremdkapital und die passiven Rechnungsabgrenzungsposten.

Primanota

Die Primanota (»Erstaufzeichnung») ist das Buchungsprotokoll, welches in der Reihenfolge der Erfassung jede einzelne Buchung auflistet.

Rechnungssysteme

Sie unterscheiden sich in externe und interne Rechnungssysteme. Unter dem externen Rechnungssystem versteht man die Finanzbuchführung. Interne Rechnungssysteme sind alle betriebsinternen Berechnungen wie z. B. die Kostenrechnung.

Rechnungswesen

Das Rechnungswesen ist die Gesamtheit aller Erfassungen und Auswertungen von Geschäftsvorfällen. Es führt nur die Kapitalrechnungen durch Fortrechnung der in der Eröffnungsbilanz aufgestellten Vermögens-, Schuld- und Eigenkapitalwerte und umfasst:

- die Finanzbuchhaltung
- die Betriebsbuchhaltung (Kosten- und Leistungsrechnung)
- die Bilanz (Vermögensübersicht)
- die Inventur und das Inventar
- die Gewinn- und Verlust-Rechnung bzw. Einnahmen-Überschuss-Rechnung
- die Investitions- und Finanzplanung
- die Vereinsstatistik.

Rechnungswesen, externes

Als externes Rechnungswesen ist die Finanzbuchhaltung zu bezeichnen. Auf ihren Konten werden alle finanziellen Vorgänge aufgezeichnet, die zur Erfüllung von gesetzlichen Verpflichtungen vorgeschrieben sind und für externe Stellen wie Eigen- und Fremdkapitalgeber, Lieferanten und andere Gläubiger sowie dem Finanzamt, Sozialversicherungsträger, Registergerichten usw. von Bedeutung sind. Dazu gehören auch Geschäftsvorfälle, welche nicht typischerweise mit dem eigentlichen Betriebszweck in Zusammenhang stehen.

Reinvermögen

Siehe Nettovermögen

Richtigkeit und Willkürfreiheit

Richtigkeit und Willkürfreiheit sind Grundsätze der ordnungsmäßigen Buchführung (GoB). Richtigkeit meint die wahrheitsgemäße Darstellung des Geschäftsvorfalls und seiner richtigen Betragsgröße. Geschätzte Werte müssen auf einer realen Basis angesetzt werden und der Vereinserfolg darf nicht durch Anwendung der Wahlfreiheit vorsätzlich beeinflusst werden.

Schlussbilanzkonto (SBK)

Das Schlussbilanzkonto nimmt zum Bilanzstichtag die Salden aller Konten auf:

- Abschluss der Aktivkonten: Schlussbilanzkonto an Aktivkonto
- Abschluss der Passivkonten: Passivkonto an Schlussbilanzkonto.

Sie werden dann in Bilanzposten zusammengefasst und entsprechend den Vorschriften der Bilanzgliederung angeordnet. Die Schlussbilanz weist den Vereinserfolg und die Vermögens- und Kapitalverhältnisse aus.

Schulden

Schulden bezeichnen allgemein Verbindlichkeiten. Dabei wird unterschieden in:

- Verpflichtungen eines Schuldners gegenüber einem Gläubiger, eine Geld-, Sach- oder Dienstleistung zu erbringen
- Verbindlichkeiten und Rückstellungen (Fremdkapital)
- tatsächliche Geldschulden (z. B. Bankdarlehen).

Langfristige Schulden sind z. B. Darlehen und Hypotheken, kurzfristige z. B. Schulden gegenüber Lieferanten.

SEPA

SEPA veränderte den bargeldlosen Zahlungsverkehr innerhalb der EU, EWR-Staaten, der Schweiz und Monaco auch für Vereine. Überweisungen und Lastschriften werden nur noch anhand der IBAN (International Bank Account Number) und dem BIC (Business Identifier Code) durchgeführt und identifiziert.

Spendenkonten

Spenden an den Verein sind ertragssteuerneutrale Einnahmen, d. h. sie erhöhen nicht den steuerpflichtigen Gewinn. Die Zuwendungen werden als Geld- oder Sachspenden geleistet. Bei Aufwandsspenden verzichten in der Regel Mitglieder auf ihnen rechtlich zustehende Aushilfslöhne oder zahlen den ausgezahlten Lohn unmittelbar als Spende zurück.

Splittbuchungen

Gelegentlich wird bei der Buchung eines Geschäftsvorfalls nicht nur jeweils ein Konto auf der Soll- und der Habenseite angesprochen (abgesehen von der Umsatzsteuer), z. B. können Wareneinkaufsrechnungen unterschiedliche Umsatzsteuersätze betreffen. Die einheitliche Zahlung wird dann auf verschiedene Wareneinkaufskonten aufgeteilt (gesplittet).

Sportliche Veranstaltungen

Sportveranstaltungen gelten nur dann als steuerbegünstigte Zweckbetriebe wenn,

1. keine bezahlten Sportler teilnehmen (auf Antrag nach § 67a Abs. 2 AO) oder

2. die Bruttoeinnahmen 45.000 Euro aus sportlichen Veranstaltungen im Jahr nicht übersteigen (§ 67a Abs. 1 AO) oder
3. die Sportler aus wirtschaftlichen Geschäftsbetrieben oder von Dritten (Sponsoren) bezahlt werden (§ 67a Abs. 3 AO).

Staffelform

Die Staffelform ist die neben der Kontoform gebräuchlichere Gliederungsmöglichkeit der Gewinn- und Verlust-Rechnung. Dazu kann das Gesamtkostenverfahren oder Umsatzkostenverfahren angewendet werden. Der Vorteil der Staffelform ist die Bildung von Zwischensummen, d. h. für einen Vergleich von mehreren Abrechnungsperioden ist die Staffelform aussagekräftiger.

Stapelbuchungen

Stapelbuchungen sind eine Form der Buchungstechnik, wobei die Buchungssätze zunächst in einem Stapel erfasst werden. Die Verarbeitung erfolgt später, d. h. die Buchungen können bis dahin noch korrigiert werden (im Gegensatz zu Dialogbuchungen).

Stetigkeit

Stetigkeit ist einer der Grundsätze ordnungsmäßiger Buchführung (GoB) und besagt, dass einmal angewandte Bewertungsmethoden beibehalten werden müssen.

Stornobuchung

Eine Stornobuchung (Stornierung) ist die Rückbuchung einer falsch erfolgten Buchung, sodass diese unwirksam wird (Gegensatz: Umbuchung). Es dürfen allerdings keine Stornobuchungen durchgeführt werden, wenn sich die falsche Buchung bereits steuerlich ausgewirkt hat oder der Geschäftsvorfall an sich dadurch unwirksam wird. Eine Stornobuchung muss die ursprüngliche Buchung erkennbar lassen.

Trennungsprinzip

Vereine dürfen beim Erwerb oder der Anmietung von einheitlichen beweglichen Gegenständen und beim Erwerb oder der Herstellung von unbeweglichen Gegenständen diese nicht mehr ihrem unternehmerischen Bereich zuordnen und den vollen Vorsteuerabzug geltend machen. Erfolgt ein Eingangsumsatz sowohl für den ideellen (oder umsatzsteuerfreien) Bereich als auch für unternehmerischen Bereich ist von vornherein eine genaue Trennung auf den ideellen und/oder umsatzsteuerfreien Bereich und den unternehmerischen umsatzsteuerpflichtigen Bereich vorzunehmen.

Umlaufvermögen

Umlaufvermögen ist der Sammelbegriff für alle Vermögenswerte eines Vereins, welche nur für kurze Zeit im Verein verbleiben (Gegensatz: Anlagevermögen). Sie sind zum Verkauf oder Verbrauch bestimmt (z. B. Getränke). Das Umlaufvermögen setzt sich zusammen aus:

- Vorratsvermögen: Waren, Roh-, Hilfs- und Betriebsstoffe, halbfertige und fertige Erzeugnisse
- Forderungen
- geleisteten Anzahlungen
- Zahlungsmitteln: Bank- und Postgiroguthaben, Kassenbestände
- Besitzwechsel, Schecks
- kurzfristig gehaltenen Wertpapieren (zur Veräußerung oder Liquiditätsreserve).

In der Bilanz werden sie auf der Aktivseite ausgewiesen.

Umsatzsteuerkonto

Es gibt nach den gesetzlichen Steuersätzen Umsatzsteuerkonten für 7 % und 19 % Umsatzsteuer. Auf diesen Konten wird mit der Verbuchung von Forderungen (z. B. Ausgangsrechnungen an Werbekunden) oder Barverkäufen die Umsatzsteuer gesammelt (ggf. durch Automatikbuchung). Nach Abzug der Vorsteuerbeträge schuldet der Verein die gesamte Umsatzsteuer dem Finanzamt.

Verbindlichkeiten aus Lieferungen und Leistungen

Verbindlichkeiten aus Lieferungen und Leistungen sind kurzfristige Zahlungsverpflichtungen (Schulden) eines Vereins gegenüber Dritten (z. B. Stromrechnungen). Sie werden auf der Passivseite in der Bilanz ausgewiesen.

Verlust

Verlust entsteht, wenn der Aufwand eines Wirtschaftsjahrs größer als der erzielte Ertrag war. In der Gewinn- und Verlust-Rechnung und in der Einnahmen-Überschuss-Rechnung wird durch die Gegenüberstellung der Erträge und Aufwendungen Aufschluss über Höhe und Herkunft des Verlustes gegeben, der als Saldo auf der Habenseite ausgewiesen wird = Abnahme des Eigenkapitals. In der Bilanz bedeutet Verlust das Überwiegen der Passiva gegenüber den Aktiva nach

Berücksichtigung der Abschreibungen, Wertberichtigungen, Rückstellungen und Rücklagen.

Vermögen

Das Vereinsvermögen besteht aus dem langfristigen Anlagevermögen (z. B. Gebäude, Maschinen) und dem kurzfristigen Umlaufvermögen (z. B. Lager- und Kassenbestand) und wird auf der Aktivseite der Bilanz ausgewiesen. Man unterscheidet zwischen

- nicht abnutzbarem Anlagevermögen (Grund und Boden, immaterielle Güter),
- abnutzbarem Anlagevermögen (Maschinen, technische Anlagen) und
- Umlaufvermögen (Vorratsgüter, Zahlungsmittel, Forderungen).

Vermögensübersicht

Siehe Bilanz

Vermögensverwaltung

Für gemeinnützige Vereine sind Einkünfte aus Vermögensverwaltung wie aus Vermietung und Verpachtung, aus Kapitalvermögen und sonstigen Einkünften körperschaftsteuer- und gewerbesteuerfrei.

Vollständigkeit

Vollständigkeit ist einer der Grundsätze ordnungsmäßiger Buchführung (GoB) und besagt, dass alle Vermögensgegenstände und Schulden einzeln aufzuzeichnen sind und nicht gegeneinander aufgerechnet werden dürfen.

Vorsichtsprinzip

Das Vorsichtsprinzip ist einer der Bewertungsgrundsätze und besagt, dass grundsätzlich eine eher zurückhaltende, also vorsichtige, Bewertung erfolgen muss. Es gliedert sich in:

- Imparitätsprinzip: Alle erkennbaren, drohenden Risiken und Verluste, die noch im alten Wirtschaftsjahr verursacht, aber noch nicht realisiert wurden, müssen berücksichtigt werden (ggf. als Rückstellungen).
- Realisationsprinzip: Gewinne dürfen nur ausgewiesen werden, wenn ihre Realisierung bis zum Bilanzstichtag stattfand.

Vorsteuer

Vorsteuer ist die einem Verein von Dritten (z. B. Lieferanten) bei Rechnungsstellung belastete Mehrwertsteuer. Dazu gehören auch die entrichtete Einfuhrumsatzsteuer und die Steuer für den innergemeinschaftlichen Erwerb. Die Vorsteuer ist eine Forderung des Vereins an das Finanzamt und kann mit der zu entrichtenden Umsatzsteuer verrechnet werden.

Vorsteuerkonto

Es gibt nach den gesetzlichen Steuersätzen Vorsteuerkonten für 7 % und 19 % Vorsteuer. Auf diesen Konten wird die mit der Verbuchung von Verbindlichkeiten (z. B. Lieferantenrechnungen) oder Barzahlungen an andere Unternehmer geleistete Umsatzsteuer gesammelt.

Vorsteuerpauschalierung

Gemeinnützige Vereine dürfen pauschal 7 % des Umsatzes als Vorsteuer ansetzen, wenn ihr Vorjahresumsatz 35.000 Euro nicht übersteigt (§ 23a Abs. 2 UStG).

Wareneinkaufskonto

Das Wareneinkaufskonto gehört zu den Aufwandskonten. Auf ihm werden der Warenanfangsbestand und Zugänge im Soll und die Retouren, Preisnachlässe und Skonti im Haben gebucht.

Warenverkaufskonto

Das Warenverkaufskonto gehört zu den Erlöskonten. Auf ihm werden die Warenverkäufe (Umsätze) im Haben erfasst. Warenrücksendungen von Kunden, Preisnachlässe und Skonti mindern den Erlös im Soll.

Werberechte

Werden sämtliche Werberechte en bloc an eine Verwertungsgesellschaft verpachtet und nicht einzeln, über Annoncen in der Vereinszeitung, Trikotwerbung, Bannerwerbung etc. vermarktet, so kann es sich hierbei um steuerbegünstigte Einnahmen aus Vermögensverwaltung handeln. Der Marketinggesellschaft muss allerdings ein angemessener Gewinn verbleiben.

Wirtschaftsjahr

Das Wirtschaftsjahr ist das Geschäftsjahr, also die Abrechnungsperiode eines Vereins. Es entspricht in der Regel mit maximal zwölf Kalendermonaten, d. h. Beginn am 1. Januar und Ende am 31. Dezember, einem Kalenderjahr. In Ausnahmefällen kann das Wirtschaftsjahr auch weniger als zwölf Kalendermonate umfassen (Rumpfwirtschaftsjahr), wenn z. B. im Laufe eines Kalenderjahrs ein Verein gegründet oder aufgelöst wurde. Bei Gründung eines Vereins kann auch ein vom Kalenderjahr abweichendes Wirtschaftsjahr gewählt werden, z. B. vom 1. Juli des laufenden Jahres bis 30. Juni des Folgejahrs.

Wirtschaftliche Geschäftsbetriebe
Gemeinnützige Vereine dürfen (steuerpflichtige) Überschüsse aus ihren wirtschaftlichen Geschäftsbetrieben zum Vermögensaufbau und zur Finanzierung ihres Vereinszwecks verwenden. Verluste der Geschäftsbetriebe dürfen aber umgekehrt nicht mit Mitteln aus den anderen Bereichen ausgeglichen werden, weil dies die Gemeinnützigkeit und damit die Steuerbegünstigungen des gesamten Vereins gefährden würde. Bleiben die Bruttoeinnahmen aus den wirtschaftlichen Geschäftsbetrieben unter 35.000 Euro, so ist ein Gewinn steuerfrei (§ 64 Abs. 3 AO).

Zahlungsmittelbestand
Der Zahlungsmittelbestand ist das Geldvermögen eines Vereins. Dazu gehören alle Formen von gesetzlichen Zahlungsmitteln, z. B.:

- Bargeld (Banknoten, Münzen in der Kasse),
- Buchgeld (Guthaben auf einem Bank- oder Postgirokonto) und
- Geldersatzmittel (Kreditkarten).

Zweckbetriebe
In diesen Geschäftsbetrieben betätigen sich ideelle Vereine wirtschaftlich zu ihrem steuerbegünstigten satzungsmäßigen Zweck. Wenn ihre Zwecke nur durch einen solchen Geschäftsbetrieb erreicht werden können und nicht in größerem Umfang im Wettbewerb zu anderen Unternehmen stehen, bleiben auch solche Betriebe steuerbegünstigt (§§ 65 AO ff.)

Die Rahmenbedingungen – der SKV Insolvenza stellt sich vor

Der Schatzmeister, Theo Eifrig-Ahnungslos, steht vor der alljährlich wiederkehrenden schwierigen Aufgabe, seinen Rechenschaftsbericht zur Mitgliederversammlung aufzustellen. Probleme bereiten ihm dabei einige Abteilungen, die mit ihren Zahlen wieder recht spät dran sind.

Theo bittet Sie um Ihre Mithilfe bei den nachfolgenden, noch zu klärenden Sachverhalten und gibt Ihnen hierzu zunächst einige allgemeine Ausführungen zum SKV Insolvenza, sowohl aus der Satzung als auch sonst.

Der SKV Insolvenza ist ein Mehrspartenverein mit rechtlich unselbstständigen Abteilungen, u. a.: Fußball, Handball, Reiten, Schießen, Tanzen, Tennis, Turnen und Musik.

Die Abteilungen haben eigene Kassen und Bankkonten.

Die Kernaussagen der Satzung

§ 2 Zweck

1. Der SKV Insolvenza verfolgt ausschließlich und unmittelbar gemeinnützige Zwecke im Sinne des Abschnitts »Steuerbegünstigte Zwecke« der Abgabenordnung.
2. Der Zweck des Vereins ist die Förderung
   - von Gesundheit,
   - des Sports sowie
   - der Kultur.
3. Die Satzungszwecke werden verwirklicht, insbesondere durch
   - Unterhaltung eines Freibades, welches auch Nichtmitgliedern offen steht,
   - Errichtung von Sportanlagen,
   - Förderung sportlicher Übungen und Leistungen und
   - Pflege der Musik.

4. Der Verein ist selbstlos tätig; er verfolgt nicht in erster Linie eigenwirtschaftliche Zwecke.
5. Mittel des Vereins dürfen nur für die satzungsmäßigen Zwecke verwendet werden. Die Mitglieder erhalten keine Zuwendungen aus Mitteln des Vereins.
6. Es darf keine Person durch Ausgaben, die dem Zweck des Vereins fremd sind, oder durch unverhältnismäßig hohe Vergütungen begünstigt werden.
7. Bei Auflösung des Vereins oder bei Wegfall steuerbegünstigter Zwecke ist das Vermögen zu steuerbegünstigten Zwecken zu verwenden.

Beschlüsse über die künftige Verwendung des Vermögens dürfen erst nach Einwilligung des Finanzamts ausgeführt werden.

! **Wichtig**

Für die Frage der Gemeinnützigkeit sind diese Bestimmungen unerlässlich, d. h. zwingend anzugeben. Die Satzung muss so präzise gefasst sein, dass aus ihr unmittelbar entnommen werden kann, ob die Voraussetzungen der Steuervergünstigung vorliegen (formelle Satzungsmäßigkeit).

! **Achtung**

Mit dem Gesetz zur weiteren Stärkung des bürgerschaftlichen Engagements vom 15.10.2007 muss bereits bei Neugründung eine andere (gemeinnützige) Einrichtung benannt sein, die die verbleibenden Mittel für steuerbegünstigte Zwecke zu verwenden hat.

Der Verein muss sich für eine der beiden Alternativen entscheiden:

Bei Auflösung oder Aufhebung der Körperschaft oder bei Wegfall steuerbegünstigter Zwecke fällt das Vermögen der Körperschaft

1. an - den - die - das - ... (Bezeichnung einer juristischen Person des öffentlichen Rechts oder einer anderen steuerbegünstigten Körperschaft), - der - die - das - es unmittelbar und ausschließlich für gemeinnützige, mildtätige oder kirchliche Zwecke zu verwenden hat. Oder
2. an eine juristische Person des öffentlichen Rechts oder eine andere steuerbegünstigte Körperschaft zwecks Verwendung für ... (Angabe eines bestimmten gemeinnützigen, mildtätigen oder kirchlichen Zwecks, z. B. Förderung von Wissenschaft und Forschung, Erziehung, Volks- und Berufsbildung, der Unterstützung von Personen, die im Sinne von § 53 der Abgabenordnung wegen ... bedürftig sind, Unterhaltung des Gotteshauses in ...).

Tipp !

Eine Satzung sollte alle fünf Jahre überprüft werden.

Daneben muss aber auch die tatsächliche Geschäftsführung (materielle Satzungsmäßigkeit) mit der Satzung übereinstimmen.

Die tatsächliche Geschäftsführung des Vereins muss auf die ausschließliche und unmittelbare Erfüllung der steuerbegünstigten Zwecke gerichtet sein.

Der Verein hat den Nachweis der tatsächlichen Geschäftsführung durch ordnungsmäßige Aufzeichnungen über seine gesamten Einnahmen und Ausgaben zu führen. Andere Nachweise, die Aufschluss über die tatsächliche Geschäftsführung geben (z. B. Protokolle, Tätigkeitsberichte etc.) sind dem Finanzamt vorzulegen.

Die tatsächliche Geschäftsführung umfasst auch die Ausstellung steuerlicher Zuwendungsbestätigungen (Spendenbescheinigungen). Bei Missbräuchen auf diesem Gebiet, z. B. durch die Ausstellung von Gefälligkeitsbestätigungen, ist die Steuerbegünstigung (Gemeinnützigkeit) zu versagen.

Die tatsächliche Geschäftsführung muss sich im Rahmen der verfassungsmäßigen Ordnung halten, da die Rechtsordnung als selbstverständlich das gesetzestreue Verhalten aller Rechtsunterworfenen voraussetzt. Als Verstoß gegen die Rechtsordnung, der die Gemeinnützigkeit ausschließt, kommt auch eine Steuerverkürzung (z. B. Nichtabführen von Lohnsteuerbeträgen) in Betracht.

Achtung !

Etwas vereinfacht formuliert: Wer gemeinnützig sein will, muss sich an die gesetzlichen Bestimmungen halten. Dazu zählt u. a. auch, dass sämtliche Einnahmen und Ausgaben — einschl. aller Abteilungen und aller Kassen (Jugend-, Mannschafts- und sonstige Kassen) — erfasst werden.

§ 4 Mitgliedsbeiträge

Von den Mitgliedern werden Beiträge erhoben. Beiträge können in Geldzahlungen, in Sachleistungen oder in der Leistung von Diensten bestehen. Neben den jährlichen Beiträgen können auch Aufnahmegebühren, Umlagen und sonstige außerordentliche Beiträge festgesetzt werden. Die Höhe des Jahresbeitrags und dessen Fälligkeit sowie die Höhe der übrigen Beiträge werden von der Mitgliederversammlung bestimmt. Mitglieder, die den Vorstand ermächtigen, den Beitrag durch Abbuchung von ihrem Konto einzuziehen, erhalten einen Nachlass von 5 %.

Die Abteilungen sind berechtigt, mit Zustimmung des Vorstandes und durch Beschluss der jeweiligen Abteilungsversammlung, zusätzlich Abteilungsbeiträge zu erheben. Gleiches gilt für die Festsetzung von Kursgebühren bei Durchführung von Kursen.

Ehrenmitglieder sind von der Beitragspflicht befreit.

! **Tipp**

Die Satzung soll Bestimmungen enthalten, ob und welche Beiträge von den Mitgliedern (auch von Probe- oder Schnuppermitgliedern) zu leisten sind. Wenn die Satzung nur allgemein von Beiträgen spricht, sind in aller Regel Geldbeiträge zu verstehen. Der BGH hat mit Urteil v. 24.09.2007 auch eine nominelle Begrenzung von Umlagen in der Satzung gefordert.

Ist in der Satzung ursprünglich keine Beitragspflicht vorgesehen, so kann diese später nur durch eine Satzungsänderung nachgeholt werden. Auch sonstige bisher nicht in der Satzung vorgesehene Leistungen (Arbeitsstunden, Aufnahmegebühren, Umlagen etc.) bedürfen einer Satzungsänderung, die allerdings erst mit Eintragung in das Vereinsregister wirksam wird.

! **Achtung**

Es empfiehlt sich, rechtzeitig den Rat eines Satzungsrechtlers einzuholen.

§ 9 Vorstand

Der Vorstand besteht aus folgenden Personen:

- dem 1. Vorsitzenden,
- dem 2. Vorsitzenden,
- dem 3. Vorsitzenden,
- dem Schatzmeister,
- dem Schriftführer,
- dem Jugendleiter,
- dem Baureferenten,
- dem Öffentlichkeitsreferenten,
- dem Marketingreferenten sowie
- dem Vergnügungswart.

Der Verein wird gerichtlich und außergerichtlich durch zwei Mitglieder des Vorstands, darunter der 1. Vorsitzende oder der 2. Vorsitzende, vertreten. Rechtsgeschäfte über 20.000 Euro sowie der Abschluss von Darlehensverträgen sind für den Verein nur verbindlich, wenn die Zustimmung des Beirats hierzu schriftlich erteilt ist.

Tipp !

Die Regelungen über das Recht der Vertretung des Vereins haben für alle Rechtsgeschäfte des Vereins Bedeutung, z. B.:

- **Konteneröffnung bei der Bank,**
- **Abschluss von Arbeitsverträgen, Werbeverträgen, Darlehensverträgen etc.**
- **Abschluss über Vereinbarung einer Spiel-, Sport- oder Festgemeinschaft,**
- **Ausstellung von Spendenbescheinigungen und**
- **Auslagerung von wirtschaftlichen Geschäftsbetrieben.**

Für gewisse Geschäfte (Darlehensaufnahme, Kauf und Verkauf von Immobilien, größere Investitionen, Vollmachtserteilung etc.) sollte geprüft werden, ob die Zustimmung weiteren Gremien oder gar der Mitgliederversammlung vorbehalten bleiben soll. Auch eine betragsmäßige Begrenzung solcher Geschäfte kann vorgesehen werden.

Rechnungslegung

Der SKV Insolvenza ermittelt seinen Überschuss anhand einer Einnahme-Überschuss-Rechnung.

Der Verein wendet hierzu den DATEV-Kontenrahmen zur Branchenlösung für Vereine (SKR 49) an. Hierzu hat der Schatzmeister sich die Freiheit genommen, das eine oder andere Konto zusätzlich anzulegen; insbesondere wurden für die einzelnen Abteilungen – neben dem Hauptverein – einzelne Finanzkonten angelegt.

Umsatzsteuerlich ist auf die einzelnen Sachverhalte nicht einzugehen.

Bei der Zuordnung sollen in einem ersten Schritt keine Ausgabenpauschalen etc. berücksichtigt werden.

Fallbeispiele und Musterlösungen

Ansichtskartenverkauf

Der SKV Insolvenza ist stolz auf seine Vereinsanlagen. Er hat deshalb 1.000 Postkarten herstellen lassen und verkauft diese an Mitglieder und Nichtmitglieder für 1 Euro. Im laufenden Jahr wurden allerdings nur 200 Karten verkauft.

Lösung:
Die Einnahmen sind solche aus steuerpflichtigem wirtschaftlichem Geschäftsbetrieb und mit 19 % Mehrwertsteuer zu versteuern.

Buchung:

0920 Kasse
an 8004 Erlöse aus Handelswaren 19 % USt

Altherren-Turnier

Die Altherren der Fußballabteilung veranstalten ein Pfingstturnier, bei dem die neuen Trikots getragen werden. Von den teilnehmenden Mannschaften werden Startgelder in Höhe von insgesamt 1.500 Euro erhoben. Die Ehefrauen übernehmen den Verkauf von Speisen und Getränken anlässlich des Turniers. Einnahmen werden 500 Euro, Ausgaben 250 Euro (100 Euro Speisen, 150 Euro Getränke) verbucht. Die siegreiche Mannschaft erhält einen Pokal (Kosten 100 Euro). Die örtliche Volksbank hat gegen Aufstellung von Sponsorentafeln »Wir räumen das Feld« einen Betrag von 2.000 Euro zur Verfügung gestellt.

Lösung:
Bei dem Turnier handelt es sich um einen steuerbegünstigten Zweckbetrieb »sportliche Veranstaltung«.

Der Verkauf von Speisen und Getränken — auch an Wettkampfteilnehmer, Schiedsrichter, Kampfrichter, Sanitäter etc. — und die Werbung gehören nicht zu den sportlichen Veranstaltungen. Diese Tätigkeiten sind gesonderte steuerpflichtige wirtschaftliche Geschäftsbetriebe.

Buchung:
Die Startgelder in Höhe von 1.500 Euro werden gebucht wie folgt:

0922 Kasse Fußballabteilung
an 5724 Startgelder 0 %

Die Ausgaben für den Pokal sind folgendermaßen zu buchen:

5574 Kosten des Sportbetriebs (Pokale etc.)
an 0922 Kasse Fußballabteilung

Die Einnahmen aus dem Verkauf von Speisen und Getränken

0922 Kasse Fußballabteilung
an 8034 Erlöse Speisen/Getränke außerhalb Gaststätte 19 % USt

Die Ausgaben für den Einkauf der Speisen

8152 Wareneingang 7 % Vorsteuer
an 0952 Bank Fußballabteilung

Für die Getränke

8154 Wareneingang 19 % Vorsteuer
an 0952 Bank Fußballabteilung

Die Unterstützung der örtlichen Volksbank in Höhe von 2.000 Euro.

0952 Bank Fußballabteilung
an 8012 Einnahmen aus Werbung Reklameflächen 19 % USt

Altmaterialsammlung

Die Fußballjugend sammelt zur Auffrischung der Jugendkasse Altpapier. Ein Vater stellt unentgeltlich ein Fahrzeug zur Verfügung, der Jugendleiter fährt von Haus zu Haus. Die eifrige Fußballjugend hat 1.500 Euro vereinnahmt.

Lösung:
Altmaterialsammlungen sind steuerpflichtige wirtschaftliche Geschäftsbetriebe; auch wenn sie von und für Jugendliche durchgeführt werden. Mangels unmittelbarer Ausgaben kann der Reingewinn geschätzt werden.

Der branchenübliche Reingewinn ist bei der Verwertung von Altpapier mit 5 % und bei der Verwertung von anderem Altmaterial mit 20 % anzusetzen.

Buchung:

0924 Kasse Fußballjugend
an 8108 Erlöse Abfallverwertung 19 % USt

Arbeitnehmerüberlassung

In der Tanzsportabteilung ist der hochkarätige Trainer, Paule Plattfuß, nicht voll ausgelastet. Der Abteilungsleiter kommt deshalb auf die Idee, den Trainer gegen monatliche Kostenbeteiligung von 500 Euro an einen anderen Club auszuleihen.

Lösung:
Es handelt sich hierbei um Personalgestellung. Die Einnahme ist im steuerpflichtigen wirtschaftlichen Geschäftsbetrieb zu verbuchen. Für den entleihenden Verein ist die Einnahme mit 19 % umsatzsteuerpflichtig. Der ausleihende Verein kann in aller Regel keinen Vorsteuerabzug geltend machen, da keine umsatzsteuerpflichtigen Einnahmen vorliegen.

Buchung:

0958 Bank Tanzen
an 8008 Erlöse aus Leihgebühren (hier: Personalgestellung) 19 % USt

! **Tipp**

Immer dann, wenn der Verein Vereinbarungen eingeht, die sich auf die Bereitstellung von Personal (z. B. bei einem Tag der offenen Tür, der Betreuung von Firmenkunden, das Betreiben einer städtischen Sportanlage etc.) beziehen, wird der Verein im Rahmen eines steuerpflichtigen wirtschaftlichen Geschäftsbetriebs tätig. Die Zurverfügungstellung von Personal bzw. Dienstleistung in diesem Bereich ist kein satzungsmäßiger steuerbegünstigter Zweck.

Aufnahmegebühr

Von den neuen Mitgliedern der Tennisabteilung wird eine Aufnahmegebühr in Höhe von 50 Euro erhoben. Am Jahresende hat der Verein 2.000 Euro gebucht.

Lösung:
Bei einem Verein, dessen Tätigkeit in erster Linie seinen Mitgliedern zugutekommt, ist eine Förderung der Allgemeinheit anzunehmen, wenn

- die Aufnahmegebühren für die im Jahr aufgenommenen Mitglieder im Durchschnitt 1.534 Euro nicht übersteigen.

Buchung:

0959 Bank Tennisabteilung
an 2150 Aufnahmegebühren bis 256 Euro

Aufwandsersatzspende von Übungsleitern

Die fünf Übungsleiter der Turnabteilung erhalten für die Durchführung der Kurse »Bauch, Beine, Po« und des übrigen Turnbetriebs alle 2.400 Euro (= 12.000 Euro). Sie verzichten auf die Auszahlung gegen Erhalt einer Zuwendungsbestätigung.

Lösung:
Die Übungsleitervergütungen sind Aufwendungen des steuerbegünstigten Zweckbetriebs »sportliche Veranstaltungen«, da neben dem allgemeinen Vereinsbeitrag Kursgebühren erhoben werden (siehe Kursgebühren).

Buchung:

5310 Aufwandsentschädigung i. S. v. § 3 Nr. 26 EStG	
an 3230 Aufwandsspende gegen Bescheinigung	

Tipp !

Für die Anerkennung einer Aufwandsspende (statt Geld – Zuwendungsbestätigung) sind folgende Voraussetzungen zu erfüllen:

1. **Vorheriger Rechtsanspruch durch**
   - **Satzung (bei Ehrenamtspauschale an gewählte Funktionsträger zwingend)**
   - **Vorstandsbeschluss**
   - **Vertrag**
2. **Nachträglicher Verzicht**
   - **Schriftform erforderlich**
3. **Ernsthaftigkeit**
   - **finanzielle Mittel verfügbar, falls nicht verzichtet wird**

Wichtig !

Finger weg von Aufwandsspenden, wenn's Geld nicht reicht. Kann der Verein nicht nachweisen, dass bei fehlendem Verzicht er ausreichend liquide Mittel gehabt hätte, den Übungsleitern die zugesagte Vergütung auch bezahlen zu können, ist die Gemeinnützigkeit weg.

Aufwendungen, ersparte

Der Verein veranstaltet eine Tagung zum Thema »Gesundheitssport«. Hierzu wird im First-Class-Hotel am Ort, des gehobenen Ambientes wegen, ein Saal für die ganztägigen Fachvorträge belegt. Kosten für den Verein (Saalmiete üblicherweise 2.000 Euro) gegenüber dem Hotel entstehen nicht. Der Verein hat sich erfolgreich um Aussteller bemüht. Diese stellen im Foyer themenbezogen ihre Waren und Dienstleistungen für die Teilnehmer der Tagung aus. Die Saalmiete wird von den Ausstellern übernommen und unmittelbar mit dem Hotel abgerechnet.

Die Veranstaltung war recht erfolgreich. Während der Tagung haben sich spontan 30 Teilnehmer bereit erklärt, in die noch zu gründende Abteilung »Fit und Gesund« einzutreten. Aufnahmegebühren konnte der Schatzmeister in Höhe von 3.000 Euro bar kassieren.

Lösung:

- Da die Aufnahmegebühren der neu aufgenommenen Mitglieder die 1.534 Euro nicht überschreiten, sind die Einnahmen im ideellen Bereich zu verbuchen.
- Zu den ersparten Aufwendungen »Saalmiete« hat der Bundesfinanzhof in einem Urteil einmal mehr auf die Definition des steuerpflichtigen wirtschaftlichen Geschäftsbetriebs hingewiesen:
  »Ein wirtschaftlicher Geschäftsbetrieb ist eine selbstständige nachhaltige Tätigkeit, durch die Einnahmen oder andere wirtschaftliche Vorteile erzielt werden und die über den Rahmen einer Vermögensverwaltung hinausgeht. Die Absicht Gewinn zu erzielen ist nicht erforderlich.« Damit ist auch ein abgekürzter Zahlungsweg (nicht der Verein erhält das Geld unmittelbar von den Ausstellern zur Begleichung der Hotelrechnung), der zugunsten eines gemeinnützigen Vereins vorgenommen wird, dem steuerpflichtigen wirtschaftlichen Geschäftsbetrieb zuzurechnen. Dies gilt immer dann, wenn der Verein dadurch eine Leistung anbietet oder ein Tun duldet und dadurch einen Vorteil erhält.

Buchung:

0920 Kasse
an 2150 Aufnahmegebühren bis 256 Euro

2660 Anteilige Raumkosten
an 8016 Sonstige Werbeeinnahmen 19 % USt

Ausbildungsentschädigung

Der »Star«-Kicker, Kurti Kommichnurbeikohle, wechselt zum Nachbarverein. Der abgebende Verein erhält eine Ausbildungsentschädigung von 2.500 Euro.

Lösung:
Je nachdem, ob es sich um einen bezahlten oder unbezahlten Sportler handelt, ist die Einnahme im steuerbegünstigten Zweckbetrieb oder im steuerpflichtigen wirtschaftlichen Geschäftsbetrieb mit 7 % oder 19 % Umsatzsteuer zu buchen.

Im vorliegenden Fall war der Sportler als bezahlter Sportler beim abgebenden Verein tätig. Die Einnahme ist im steuerpflichtigen wirtschaftlichen Geschäftsbetrieb mit 19 % der Umsatzsteuer zu unterwerfen.

Buchung:

0952 Bank Fußballabteilung
an 7150 Einnahmen aus Ablöse bezahlter Sportler 19 % USt

Ausgaben, diverse

Der Verein zahlt an seinen Landessportbund einen Jahresbeitrag von 3.000 Euro sowie an die einzelnen Fachverbände nochmals 1.500 Euro.

Die Geschäftsstelle befindet sich in gemieteten Räumen. Für Miete sind im Jahr 4.800 Euro und für Energiekosten 1.200 Euro zu bezahlen.

Weiterhin fallen Kosten für Lore Griffel, die Buchhalterin des Vereins an. Auch Herta Zähler, zuständig für die Mitgliederverwaltung, ist im Rahmen einer geringfügig entlohnten Beschäftigung (Minijob) tätig. Die Damen erhalten monatlich je 200 Euro (= 2.400 Euro). Die Abgaben an die Minijob-Zentrale betragen 1.440 Euro.

Für die Teilnahme an diversen Fortbildungsmaßnahmen zahlt der Verein im laufenden Jahr 620 Euro an Gebühren.

Der neu gewählte Vorstand hat sich im Vereinsregister eintragen lassen. Dafür fallen Notar- und Gerichtsgebühren in Höhe von 30 Euro an.

Lösung:
Bei allen Ausgaben handelt es sich um solche des ideellen Bereichs.

Buchung:

2751 Abgaben Landesverband
an 0950 Bank

2752 Abgaben Fachverbände
an 0950 Bank

2661 Miete und Pacht, ideeller Bereich (Geschäftsstelle)
an 0950 Bank

2662 Energiekosten, ideeller Bereich (Geschäftsstelle)
an 0950 Bank

2556 Aushilfslöhne, ideeller Bereich
an 0950 Bank

2558 Abgaben ideeller Bereich (Minijob-Zentrale)
an 0950 Bank

2803 Ausbildungskosten
an 0950 Bank

2900 Sonstige Kosten, ideeller Bereich (Notar- und Gerichtsgebühren)
an 0920 Kasse

Tipp !

Abgaben an die Minijob-Zentrale mit 30 % werden fällig, wenn
- es sich nur um geringfügige Beschäftigungen von insgesamt 450 Euro monatlich oder
- wenn es sich neben einer sozialversicherungspflichtigen Hauptbeschäftigung um die erste geringfügige Nebenbeschäftigung bis maximal 450 Euro monatlich handelt.
- Soweit es sich um nebenberufliche ehrenamtliche Tätigkeiten handelt, sind nach § 3 Nr. 26a EStG 720 Euro jährlich abgabefrei.

Bei Aufstellung der Einnahme-Überschuss-Rechnung sollte geprüft werden, ob eine anteilige Zurechnung von Kosten auf andere Bereiche möglich ist. Eine Aufteilung wird man in jedem Fall für die Kosten der Finanzbuchhaltung vornehmen müssen.

Auslagenersatz

Der ehrenamtlich tätige Platzwart (Kunstrasenplatz von der 1. Mannschaft genutzt) bekommt nach Vorlage von Belegen (Benzin für Rasenmäher, Kleinwerkzeug, Schrauben, Nägel etc.) 284 Euro ausbezahlt.

Lösung:
Es handelt sich um einen reinen Auslagenersatz, da einzelne Belege vorgelegt werden und damit nicht – wie bei einem pauschalen Auslagenersatz üblich – Arbeitszeit (= abgabepflichtiger Lohn) vergütet wird.

Da der Platzwart den Sportplatz der 1. Mannschaft betreut, liegt ein steuerpflichtiger wirtschaftlicher Geschäftsbetrieb »bezahlter Sport« vor.

Buchung:

7318 Aufwandsersatz

an 0922 Kasse Fußballabteilung

Ausländische Künstler

Die Musikabteilung engagiert zum Jubiläums-Zeltfest eine österreichische Musikkapelle. Es wurde eine Gage von 5.000 Euro vereinbart.

Lösung:
Die Honorare an ausländische Künstler und Sportler zzgl. übernommener Kosten unterliegen mit 15 % der Abzugssteuer zzgl. 5,5 % Solidaritätszuschlag. Die Ausgabe ist dem steuerpflichtigen wirtschaftlichen Geschäftsbetrieb zuzurechnen.

Bei Sportlern oder Künstlern mit Wohnsitz in der EU dürfen Betriebsausgaben oder Werbungskosten abgezogen werden. Bei einem entsprechenden prüffähigen Nachweis beträgt die Steuerschuld vom verbleibenden Saldo 30 %.

Der Betrag ist der Musikkapelle lediglich in Höhe von 4.209 Euro auszuzahlen. 750 Euro Einkommensteuer und 42 Euro Solidaritätszuschlag sind an das zuständige Finanzamt des Vereins abzuführen.

Buchung:

8205 Honorare Musiker
an 0961 Bank Musikabteilung

und

8209 Abzugssteuer
an 0961 Bank Musikabteilung

8209 Abzugssteuer (Solidaritätszuschlag)
an 0961 Bank Musikabteilung

! **Tipp**

Treten ausländische Künstler oder Sportler in Deutschland auf, wird die Einkommensteuer zzgl. des Solidaritätszuschlags über das sog. Abzugsverfahren eingezogen. Das bedeutet, dass der inländische Schuldner der Vergütung die Steuer darauf einbehalten (also entsprechend weniger an den ausländischen Künstler zahlt) und an das Finanzamt abführen muss. Übersteigen die Einnahmen je Auftritt nicht 250 Euro, fällt keine Abzugssteuer an.

Die Vergütungsgrenzen gelten für jeden einzelnen Auftritt eines ausländischen Künstlers oder Sportlers, sie sind tages- und veranstalterbezogen. Das bedeutet: Tritt ein Künstler oder Sportler mehrmals am Tag für denselben Veranstalter auf, gelten die genannten Grenzen für das gesamte Honorar. Sofern der Verein einem Künstler oder Sportler an einem Tag mehrere Auftrittsmöglichkeiten bei unterschiedlichen Veranstaltern verschafft, gilt die Regelung für jede einzelne Vergütung getrennt. Durch diese Regelung sollen Künstler oder Sportler mit kleinen Honoraren entlastet und der internationale Künstleraustausch gefördert werden. Zahlt der verpflichtende Verein das Honorar ungeschmälert aus, wird hochgerechnet; d. h. der Verein zahlt wesentlich mehr. Doppelbesteuerungsabkommen (DBA) und die einschlägige Rechtsprechung des BFH und EuGH (Europäischen Gerichtshof) sind ggf. zu prüfen.

Bandenwerbung

Bei Heimspielen der 1. Fußballmannschaft ist die Sportplatzumrandung mit Bandenwerbung bzw. Plakatwerbung versehen. Die Einnahmen vom 01.01. bis 30.06. betragen 15.000 Euro. Ab 01.07. werden die Werberechte für den Rest des Jahres an einen Förderverein für 5.000 Euro verpachtet.

Lösung:
Die selbst betriebene Bandenwerbung ist Einnahme im steuerpflichtigen wirtschaftlichen Geschäftsbetrieb (19 % USt).

Buchung:

0952 Bank Fußballabteilung
an 8012 Einnahmen aus Werbung Reklameflächen 19 % USt

Bei Verpachtung der Werberechte en bloc sind diese der Vermögensverwaltung zuzurechnen (7 % USt).

0952 Bank Fußballabteilung
an 4201 Erlöse Werbeunternehmen 7 % USt

! **Tipp**

Mit Urteil vom 02.07.1997 hat der Bundesfinanzhof die verpachtete Bandenwerbung wegen des engen Zusammenhangs mit den Sportveranstaltungen der Trikotwerbung gleichgestellt; d. h. auch die Verpachtung führt demzufolge zu einem steuerpflichtigen wirtschaftlichen Geschäftsbetrieb. Diese Grundsätze sollen jedoch vorerst nicht angewandt werden. Gleichwohl hat der Gesetzgeber reagiert und ab dem Jahr 2000 eine Reingewinnschätzung von 15 % der Nettowerbeeinnahmen zugelassen, soweit die Werbemaßnahmen mit Aktivitäten im ideellen Bereich oder dem steuerbegünstigten Zweckbetrieb zusammenhängen. Eine Verpachtung der Werberechte für Inseratenwerbung, Lautsprecherwerbung etc. in die ertragsteuerfreie Vermögensverwaltung ist aber unter Beachtung der erforderlichen Voraussetzungen nach wie vor denkbar.

Merke: Es empfiehlt sich, für die selbst betriebene Bandenwerbung ein eigenes Konto im Bereich »bezahlter Sport« anzulegen, um die Reingewinnschätzung Werbung allein aus den Kontobewegungen Werbung im steuerpflichtigen wirtschaftlichen Geschäftsbetrieb (Konto 80...) zu ermöglichen.

! **Achtung**

Vorsicht bei der Auslagerung von wirtschaftlichen Geschäftsbetrieben in die Vermögensverwaltung im Falle des bezahlten Sports. Die Verwendung von Mitteln aus der Vermögensverwaltung mit dem bezahlten Sport führt zur Aberkennung der Gemeinnützigkeit wegen zweckwidriger Mittelverwendung.

Basarveranstaltung

Die Fußballabteilung lädt auf Vereinspapier zu einem am nächsten Wochenende in der Gymnastikhalle stattfindenden Basar ein. Verkauft werden von Mitgliedern und Nichtmitgliedern gebrauchte Sportartikel. Die Fußballabteilung erhält vereinbarungsgemäß von den Anbietern 10 % des Umsatzes. Der Fußballabteilungsleiter kann sich über 1.190 Euro freuen.

Lösung:

Ob der Abteilungsleiter sich lange über die 1.190 Euro freuen kann, ist mehr als fraglich. Da zu diesem Basar im Namen des Vereins eingeladen worden ist, veranstaltet der Verein diesen Basar in eigenem Namen und hat damit die gesamten Einnahmen (11.900 Euro) als Einnahmen im steuerpflichtigen wirtschaftlichen Geschäftsbetrieb zu buchen.

Die Weitergabe an die einzelnen Verkäufer von 90 % der Einnahmen kann als Betriebsausgabe abgezogen werden. Somit verbleiben die vereinbarten 10 % als Gewinn aus steuerpflichtigem wirtschaftlichem Geschäftsbetrieb.

Steuerrechtlich ist aber das Problem die Umsatzsteuer. Der Verein hat aus den Gesamteinnahmen von 11.900 Euro die Umsatzsteuer in Höhe von 19 % (= 1.900 Euro) abzuführen. Er muss also mehr an das Finanzamt bezahlen, als er erhalten hat.

Buchung:

Die Gesamteinnahmen von 11.900 Euro werden gebucht:

0870 Durchlaufende Posten Einnahmen
an 8004 Erlöse aus Handelswaren 19 % USt

Die Verkäuferprovision in Höhe von 10.710 Euro ist folgendermaßen zu verbuchen:

8360 Sonstiger Aufwand
an 0875 Durchlaufende Posten Ausgaben

1.190 Euro müssen von »Kasse« an »Durchlaufende Posten Ausgaben« gebucht werden:

0920 Kasse
an 0875 Durchlaufende Posten Ausgaben

Tipp !

Erfolgen die Verkäufe in fremden Namen und auf fremde Rechnung sind lediglich die Provisionseinnahmen dem Tätigkeitsbereich steuerpflichtiger wirtschaftlicher Geschäftsbetrieb zuzuordnen. Hierzu ist es aber erforderlich, dass der Verein bei allen Gelegenheiten (Einladung, Presseveröffentlichung, Hinweise am Verkaufsort etc.) darauf hinweist, dass der Verkauf in fremden Namen und für fremde Rechnung erfolgt. In obigem Beispiel wäre dann lediglich aus 1.190 Euro die Umsatzsteuer von 19 % (= 190 Euro) an das Finanzamt zu bezahlen gewesen.

Baukosten Tennishalle

Für die Herstellung einer zwei-Feld-Tennishalle überweist der Schatzmeister, Theo Eifrig-Ahnungslos, an den Bauunternehmer »Schla-Wiener« lt. Schlussrechnung einen Betrag von 980.000 Euro. Das Angebot hatte der Bauunternehmer mit 1.000.000 Euro Baukosten abzüglich 20.000 Euro aus einem Werbefonds des Unternehmens abgegeben. Bei der Einweihung der Tennishalle durfte der Bauunternehmer seine Firmenfahne vor der Halle anbringen, die Sichtblenden von zwei Freiplätzen mit seinem Logo versehen und sich über ein ganzseitiges Inserat in der Zeitschrift der Tennisabteilung freuen.

Zur Finanzierung der Tennishalle hat die Mitgliederversammlung eine einmalige Bausteinspende in Höhe von 300 Euro je Altmitglied und 500 Euro je Neumitglied beschlossen. Am Jahresende kann der Schatzmeister 60.000 Euro von Altmitgliedern und 25.000 Euro von Neumitgliedern verbuchen. Der Abteilungsleiter Tennis hat sich bereit erklärt, eine Zuwendungsbestätigung auszustellen.

Die Tennishalle wird am 1. Oktober feierlich eröffnet durch das Auftaktmatch

Schla-Wiener : Eifrig-Ahnungslos

Die Tennishalle wird zu 25 % für den Trainingsbetrieb genutzt, zu 50 % an Mitglieder und zu 25 % an Nichtmitglieder vermietet.

Lösung:
Die verrechneten 20.000 Euro sind den Baukosten wieder hinzuzurechnen. Insbesondere dann, wenn der Verein eine Gegenleistung (Sichtblenden Freiplätze, Werbeschild in der Halle, Inseratenwerbung oder Ähnliches) erbringt.

Die Baukosten der Tennishalle müssen ab Fertigstellung auf die sog. betriebsgewöhnliche Nutzungsdauer abgeschrieben werden. Bei Gebäuden beträgt diese i. d. Regel 50 Jahre (2 % v. 1.000.000 Euro = 20.000 Euro) und ist im Jahr der Fertigstellung zeitanteilig (hier: 3/12 v. 20.000 Euro = 5.000 Euro) zu berücksichtigen.

Achtung !

Die **Bausteinspenden** sind keine Spenden im eigentlichen Sinne, da diese nicht freiwillig gezahlt werden (Mitgliederbeschluss!!). Eine Zuwendungsbestätigung darf nicht ausgestellt werden und vom Abteilungsleiter schon gar nicht. Zuwendungsbestätigungen müssen von einer zeichnungsberechtigten Person (BGB-Vorstand) unterschrieben werden. Abteilungsleiter sind in aller Regel keine vertretungsberechtigten Organe des Vereins.

Buchung:

Die Bausteinspenden in Höhe von 85.000 Euro sind zu buchen:

0959 Bank Tennisabteilung

an 2170 Echte Mitgliedsbeiträge 256—1023 Euro, hier: Bausteinspenden

Merke:

Bausteinspenden sind Umlagen, die in aller Regel von der Mitgliederversammlung beschlossen werden.

Der BGH hat mit Urteil vom 24.09.2007 entschieden, dass die Umlagen sowohl von der Art als auch vom Betrag in der Satzung aufgeführt sein müssen, andernfalls haben die Mitglieder ein außerordentliches Kündigungsrecht. Der BGH hat dabei das Sechsfache des Mitgliedsbeitrags zugelassen.

Die Baukosten in Höhe von 980.000 Euro:

0111 Tennishalle

an 0959 Bank Tennisabteilung

Die 20.000 Euro aus dem Werbefonds des Bauunternehmers Schla-Wiener:

0111 Tennishalle

an 8012 Werbeeinnahmen 19 % USt

Die Abschreibung der Tennishalle ist entsprechend der prozentualen Nutzung für den Trainingsbetrieb (25 %) bzw. Vermietung an Mitglieder (50 %) und Nichtmitglieder (25 %) folgendermaßen zu buchen:

2500 Abschreibung Anlagevermögen
an 0111 Tennishalle (Trainingsbetrieb)

5450 Abschreibung Anlagevermögen Teilbereich 5001, Zweckbetrieb Sport
an 0111 Tennishalle (Vermietung an Mitglieder)

8240 Abschreibung Anlagevermögen, wirtschaftlicher Geschäftsbetrieb
an 0111 Tennishalle (Vermietung an Nichtmitglieder)

Beerdigung

Bei der Beerdigung von zwei langjährigen Mitgliedern (treue Kunden der selbst bewirtschafteten Vereinsgaststätte) hat der Verein folgende Ausgaben:

- 2 Kränze 150 Euro,
- 2 Nachrufe in der örtlichen Presse 200 Euro.

Lösung:
Mit dem Tod erlischt die Mitgliedschaft. Es handelt sich demzufolge nicht mehr um Zuwendungen an Mitglieder, sodass die Begrenzung je Sachgeschenk bis zu 40 Euro aus persönlichem Anlass unbeachtlich ist.

Die Aufwendungen sind im ideellen Bereich als Ausgabe zu buchen.

Buchung:

2810 Repräsentationskosten
an 0950 Bank

Beherbergung und Beköstigung, Familienfreizeit

Der Verein veranstaltet eine Familienfreizeit für Mitglieder und Nichtmitglieder in den Sommerferien. Es werden Einnahmen in Höhe von 3.000 Euro vereinnahmt (2.000 Euro Erwachsene, 1.000 Euro Jugendliche).

Lösung:
Die Familienfreizeit ist als gesellige Veranstaltung ein steuerpflichtiger wirtschaftlicher Geschäftsbetrieb mit der Besonderheit, dass die Teilnahme von Jugendlichen bis zum 27. Lebensjahr ein steuerbegünstigter Zweckbetrieb eigener Art ist; d. h. dieser zählt nicht zur Zweckbetriebsgrenze.

Buchung:
Demnach werden die Einnahmen aus Beherbergung und Beköstigung der erwachsenen Mitglieder und Nichtmitglieder in Höhe von 2.000 Euro folgendermaßen gebucht:

0950 Bank
an 8034 Erlöse Speisen/Getränke außerhalb Gaststätte 19 % USt

Und die Einnahmen der jugendlichen Teilnehmer der Familienfreizeit:

0950 Bank
an 6560 Sonstige betriebliche Erträge, Zweckbetrieb eigener Art

Beiträge

Der Verein erhebt im laufenden Jahr folgende Beiträge:

- Aktive Mitglieder 120.000 Euro
- Passive Mitglieder 15.000 Euro
- Abteilungsbeitrag Tennis 50.000 Euro

Außerdem muss jedes Mitglied der Tennisabteilung fünf Stunden »Arbeitsdienst« (Platzpflege etc.) erbringen. Damit sich keiner vor der Arbeit drücken kann, wird den 200 Mitgliedern der Tennisabteilung zu Jahresbeginn ein zusätzlicher Betrag von 100 Euro (= 20.000 Euro) im Lastschriftverfahren abgebucht. Auf Nachweis der geleisteten Stunden wird je Stunde ein Betrag von 20 Euro ausbezahlt.

Lösung:
Bei einem Verein, dessen Tätigkeit in erster Linie seinen Mitgliedern zugutekommt, ist eine Förderung der Allgemeinheit anzunehmen, wenn die Mitglieds-

beiträge und Mitgliedsumlagen zusammen im Durchschnitt 1.023 Euro je Mitglied und Jahr nicht übersteigen.

Der durchschnittliche Mitgliedsbeitrag ist aus dem Verhältnis der zu berücksichtigenden Leistungen der Mitglieder zu der Zahl der zu berücksichtigenden Mitglieder zu errechnen.

Auch die Einnahmen aus »Arbeitsdienst« sind solche des ideellen Bereichs.

Nachteilig wirkt sich allerdings die Auszahlung bei Ableistung des Arbeitsdienstes aus. Hier ist von einer abgabepflichtigen geringfügigen Beschäftigung auszugehen.

Im Rahmen der Ehrenamtspauschale dürfte der Betrag in aller Regel abgabefrei bleiben, soweit die betroffenen Personen die Ehrenamtspauschale nicht anderweitig bereits erhalten haben.

Buchung

0950 Bank
an 2110 Echte Mitgliedsbeiträge 256—1023 Euro (aktiv)

0950 Bank
an 2111 Echte Mitgliedsbeiträge 256—1023 Euro (passiv)

0959 Bank Tennisabteilung
an 2112 Abteilungsbeiträge (Tennis)

0959 Bank
an 2115 Mitgliedsbeiträge (Arbeitsdienst)

Tipp !

Immer dann, wenn unterschiedliche Beiträge erhoben werden, sollten die einzelnen Beitragsarten in der Satzung genau bezeichnet werden. Werden nur die nicht geleisteten Arbeitsstunden von den Mitgliedern am Jahresende eingezogen, d. h. werden keine Beträge für geleistete Arbeiten vom Verein bezahlt, liegen ausschließlich Einnahmen aus dem ideellen Bereich vor.

Bezahlter Sport

Die 1. Mannschaft der Fußballabteilung hat in ihren Reihen einige Sportler, die vom Verein monatlich mehr als 400 Euro für die sportliche Betätigung erhalten.

Im Zusammenhang mit den Punktspielen sind folgende Einnahmen und Ausgaben entstanden:

- Eintrittsgelder 10.000 Euro
- Sponsoring Ausrüstervertrag 15.000 Euro
- Ausgaben Spieler 50.000 Euro
- Sach- und Reisekosten 20.000 Euro
- Ausbildungsentschädigung für 2 Spieler 5.000 Euro
- Trainerstab 40.000 Euro

Lösung:
Unter bezahlten sportlichen Veranstaltungen sind bei allen Sportarten grundsätzlich die einzelnen Wettbewerbe zu verstehen, die in engem zeitlichem und örtlichem Zusammenhang durchgeführt werden.

Auch Zahlungen von Dritten (Sponsoren, Fördervereinen etc.) für die Ausübung des Sports sind dem Verein zuzurechnen. Durch die Überlassung, z. B. eines Pkw, an einen aus Sicht des Vereines unbezahlten Sportler kann unter Berücksichtigung des geldwerten Vorteils Pkw (1-%-Regelung) für den Verein ein bezahlter Sportler vorliegen. Die Kosten der Mannschaft, in der dieser Sportler auftritt, sind dann aus eigenen Mitteln oder aber Überschüssen anderer steuerpflichtiger wirtschaftlicher Geschäftsbetriebe zu finanzieren.

Werden zur Finanzierung des bezahlten Sports Mittel aus dem ideellen Bereich, der Vermögensverwaltung oder des steuerbegünstigten Zweckbetriebs eingesetzt, hat dies die Aberkennung der Gemeinnützigkeit zur Folge.

Die Einnahmen aus Eintrittsgeldern sind mit 19 % umsatzsteuerpflichtig.

Buchung:

0922 Kasse Fußballabteilung
an 7006 Eintritt aus Fußballspielen 19 % USt

0952 Bank Fußballabteilung
an 7012 Zuwendungen Dritter (Sponsoren) 19 % USt

7222 Vergütungen an Sportler
an 0952 Bank Fußballabteilung

7400 Allgemeine Kosten des Sportbetriebs (Sach- und Reisekosten)
an 0952 Bank Fußballabteilung

7418 Ausbildungskostenersatz
an 0952 Bank Fußballabteilung

7232 Personalkosten Trainer/Übungsleiter
an 0952 Bank Fußballabteilung

Clubabend

Die Tanzsportabteilung veranstaltet jeden Donnerstag einen Clubabend, an dem sich sowohl die Turniertänzer als auch die Freizeittänzer treffen. Es werden in eigener Regie mitgebrachte Speisen und Getränke entgeltlich angeboten. In der Clubkasse befinden sich am Abend Einnahmen von

Mitgliedern	150 Euro
Gästen	50 Euro
Trinkgelder	20 Euro
	220 Euro

Lösung:
Der Verkauf von Speisen und Getränken ist grundsätzlich ein steuerpflichtiger wirtschaftlicher Geschäftsbetrieb – und zwar unabhängig an wen verkauft wird. Soweit Trinkgelder in die einheitliche Clubkasse fließen, zählen auch diese zu den Einnahmen aus steuerpflichtigen wirtschaftlichen Geschäftsbetrieben.

Buchung:

0928 Kasse Tanzsportabteilung
an 8034 Erlöse Speisen/Getränke außerhalb Gaststätte 19 % USt

Tipp !

Neben der Clubkasse, auf dem Tresen oder wo auch immer, sollte eine »Spendensau – für die Jugend« stehen. In diese werden dann nach Erhalt die einzelnen Trinkgelder gegeben. Es handelt sich dann um Geldspenden ohne Bescheinigung.

Computer, Anschaffung

Die Schatzmeisterin der Tanzsportabteilung bekommt zur Erleichterung ihrer Arbeit den lang ersehnten PC von einem Mitglied gespendet. Der Wert zum Zeitpunkt der Spende beträgt 3.000 Euro. Die Nutzung des Computers beträgt drei Jahre. Der PC wird in allen vier Tätigkeitsbereichen des Vereins nach Schätzung der Schatzmeisterin wie folgt genutzt:

- ideell: 20 % außerunternehmerischer Bereich
- Vermögensverwaltung: 10 % unternehmerischer Bereich
- Zweckbetrieb: 40 % unternehmerischer Bereich
- wirtschaftlicher Geschäftsbetrieb: 30 % unternehmerischer Bereich

Lösung:
Ertragsteuerlich ist die jährliche Abschreibung von 1.000 Euro anteilig in den einzelnen Tätigkeitsbereichen vorzunehmen.

Buchung:

0415 Büroeinrichtung
an 3225 Sachzuwendung gegen Bescheinigung

2500 Abschreibungen Anlagevermögen, ideeller Bereich
an 0415 Büroeinrichtung

4500 Abschreibungen Anlagevermögen, Vermögensverwaltung
an 0415 Büroeinrichtung

5450 Abschreibungen Anlagevermögen, Zweckbetriebe Sport
an 0415 Büroeinrichtung

8240 Abschreibungen Anlagevermögen, Sonstige Geschäftsbetriebe
an 0415 Büroeinrichtung

! **Tipp**

Bei gebrauchten Wirtschaftsgütern im Rahmen einer Spende ist auf die Höhe des Gegenwertes zu achten. Gefahr des »überhöhten« Sachwertes.

Druckkosten

Das Jahresinfo des Vereins umfasst 40 Seiten Vereinsbeiträge sowie zehn Seiten Werbung. Die Druckkosten betragen 5.000 Euro.

Lösung:
Da die Druckkosten nicht nur für die Seiten mit Werbung angefallen sind, können die Kosten nicht ausschließlich im steuerpflichtigen wirtschaftlichen Geschäftsbetrieb geltend gemacht werden. Die Kosten sind im Verhältnis der Seitenzahlen des Jahresinfo aufzuteilen (10 : 40).

Buchung:

2801 Ausgaben Vereinsmitteilungen (hier: Druckkosten)

an 0950 Bank

8330 Werbe- und Reisekosten (hier: Druckkosten der Werbeanzeigen)

an 0950 Bank

Energiekosten, Betrieb Tennisplätze

Für die Tennisplätze fallen Energiekosten von insgesamt 3.000 Euro an. Die Tennisplätze werden zu 50 % für den allgemeinen Sportbetrieb, zu 50 % zur entgeltlichen Überlassung genutzt.

Lösung:
Der allgemeine Sportbetrieb wird mit Mitgliedsbeiträgen finanziert. Die Energiekosten sind zu 50 % dem ideellen Bereich zuzuordnen; im Übrigen im Verhältnis der Überlassung an Mitglieder und Nichtmitglieder (Einnahmen s. »Vermietung Sportanlagen«) aufzuteilen.

Buchung:
50 % der Energiekosten fallen im ideellen Bereich an. Deshalb sind 1.500 Euro wie folgt zu buchen:

2662 Strom, Gas, Wasser, Heizung, ideeller Bereich

an 0959 Bank Tennisabteilung

Auf den Zweckbetrieb Sport entfallen 40 %, d. h. 1.200 Euro:

5560 Strom, Gas, Wasser, Heizung (Zweckbetriebe Sport)

an 0959 Bank Tennisabteilung

und auf den wirtschaftlichen Geschäftsbetrieb entfallen 10 %, also insgesamt 300 Euro:

8304 Strom, Gas, Wasser, Heizung (wirtschaftlicher Geschäftsbetrieb)

an 0959 Bank Tennisabteilung

Erbschaften

Der Verein erhält von einem Gründungsmitglied im Rahmen einer Erbschaft 10.000 Euro.

Lösung:
Zuwendungen durch Erbanteil, Vermächtnis oder Schenkung an steuerbegünstigte gemeinnützige Vereine sind ohne Begrenzung der Höhe nach steuerfrei. Dies gilt nicht, wenn die Zuwendung innerhalb von zehn Jahren nach Zuwendung für nicht steuerbegünstigte Zwecke verwendet wird oder aber der Verein die Gemeinnützigkeit verliert. In diesen Fällen bleiben lediglich 20.000 Euro steuerfrei.

Buchung:

0950 Bank
an 3211 Erbschaften

Fernsehgelder

Für die Übertragung der sportlichen Veranstaltungen »unbezahlter Sport« erhält der SKV Insolvenza vom Sportfernsehen vereinbarungsgemäß einen ganz ansehnlichen Betrag (5.000 Euro).

Lösung:
Die Zuordnung der Einnahmen für Fernsehübertragungsrechte muss der jeweiligen Veranstaltung (bezahlter Sport = steuerpflichtiger wirtschaftlicher Geschäftsbetrieb oder unbezahlter Sport = Zweckbetrieb) folgen. Dementsprechend sind die Einnahmen auch mit 19 % (wirtschaftlicher Geschäftsbetrieb) oder mit 7 % (steuerbegünstigter Zweckbetrieb) bei der Umsatzsteuer zu versteuern.

Gleiches gilt für die Überlassung von Rundfunkübertragungsrechten.

Buchung:

0950 Bank
an 5250 Einnahmen aus Fernsehgeldern 7 % USt

Gewerbesteuer

Der Verein zahlt für das vergangene Jahr an die Gemeinde lt. Gewerbesteuerbescheid 2.000 Euro Gewerbesteuer. Gleichzeitig verlangt die Gemeinde für das laufende Jahr eine Gewerbesteuervorauszahlung von 1.500 Euro.

Lösung:
Die Gewerbesteuer ist als nicht abzugsfähige Steuer — wie die Körperschaftsteuer auch — dem ertragsneutralen Bereich zuzuordnen.

Buchung:

3853 Gewerbesteuer
an 0950 Bank

Hallennutzungsgebühren

Der Verein möchte sein Kursangebot erweitern. Die bisher kostenlose Überlassung von Sporthallen an gemeinnützige Vereine ist durch Beschluss des Gemeinderats aufgehoben worden. Die Gemeinde erhebt für die Hallennutzung eine Jahresgebühr von 1.000 Euro.

Lösung:
Seit dem 01.01.2005 ist die entgeltliche Überlassung von Sportanlagen in vollem Umfang umsatzsteuerpflichtig. Die Höhe der Umsatzsteuer richtet sich danach, ob die Vermietung von gemeinnützigen Einrichtungen an Mitglieder (7 % MwSt) oder an Nichtmitglieder (19 %) erfolgt.

Diese Umsatzsteuerpflicht trifft nach einem Urteil des FG Baden-Württemberg v. 23.10.2003 auch die Kommunen.

Soweit die Hallennutzungsgebühren im Zusammenhang mit steuerfreien Einnahmen stehen — was bei Kursgebühren der Fall ist —, kann der Verein die gezahlte Umsatzsteuer nicht im Rahmen des Vorsteuerabzugs geltend machen.

Die Umsatzsteuer ist in den meisten Fällen ein zusätzlicher Kostenfaktor.

Buchung:

5555 Miete, Pacht, Zweckbetriebe Sport
an 0950 Bank

Hektolitervergütung

Der Verein erhält von der Hausbrauerei für im Kalenderjahr abgenommene hl Bier (Stand 01.01. = 11.000 Euro) eine Gutschrift von brutto 1.190 Euro. 1.000 Euro werden dem Darlehen als Tilgung gutgeschrieben; die enthaltene Umsatzsteuer von 190 Euro wird an den Verein überwiesen.

Lösung:
Der Verein hat die Bestuhlung und die Thekenanlage in der Gaststätte über ein Brauereidarlehen finanziert. Die hl-Vergütung teilt das Schicksal der Hauptleistung (verpachtete Vereinsgaststätte = Vermögensverwaltung; selbst bewirtschaftete Vereinsgaststätte = wirtschaftlicher Geschäftsbetrieb).

Da die Brauerei in der per Gutschriftanzeige mitgeteilten abgenommenen hl Bier 19 % Umsatzsteuer ausgewiesen hat, muss diese auch an das Finanzamt abgeführt werden, auch wenn es sich ggf. um Einnahmen der Vermögensverwaltung handelt.

Buchung:

1341 Darlehenstilgung
an 4115 Einnahmen aus Hektolitervergütung 19 % USt

0950 Bank
an 4115 Einnahmen aus Hektolitervergütung 19 % USt

Helferessen

Die mithelfenden Vereinsmitglieder erhalten während einer geselligen Veranstaltung als »Dankeschön« ein Steak (150 Euro) und ein Getränk (200 Euro). Weitere Vergütungen werden nicht ausgezahlt.

Lösung:
Bei den Helferessen handelt es sich um ein sog. Verzehrgeld, welches nicht zu einer Lohnsteuer- und Sozialversicherungspflicht führt. Es darf sich allerdings nur um geringe Beträge handeln.

Buchung:
Die Ausgaben für den wirtschaftlichen Geschäftsbetrieb »gesellige Veranstaltungen« sollten um die unentgeltlich abgegebenen Speisen und Getränke zum Einkaufspreis korrigiert werden, insbesondere dann, wenn bei einer Nachkalkulation größere Differenzen bei den Einnahmen auftreten könnten.

Aus diesem Grund sollte folgendermaßen gebucht werden:

8236 Sonstige Kosten gesellige Veranstaltung

an 8152 Wareneingang 7 % USt

8236 Sonstige Kosten gesellige Veranstaltung

an 8154 Wareneingang 19 % USt

Tipp !

Öfter gewährte unentgeltliche Bewirtungen (z. B. wöchentliche Mannschaftsessen oder aber auch mit Einzelpersonen, tägliches Frühstück auf der Geschäftsstelle etc.) können als geldwerter Vorteil zu einer Lohnsteuer- und Sozialversicherungspflicht führen.

Herbstball einer Festgemeinschaft

Der Verein ist an der Herbstball GbR mit dem Fußballverein und dem Tennisclub beteiligt. Bei dem alljährlich stattfindenden Herbstball werden 40.000 Euro vereinnahmt und 34.000 Euro an unmittelbaren Kosten ausgegeben. Der Gewinn von 6.000 Euro wird unter den Gesellschaftern zu je 2.000 Euro aufgeteilt.

Lösung:
Bei dem alljährlich durchgeführten Herbstball handelt es sich um einen steuerpflichtigen wirtschaftlichen Geschäftsbetrieb. Die GbR muss eine eigene Gewinnermittlung vornehmen und sowohl eine Umsatz- als auch Gewerbesteuererklärung unter eigener Steuernummer abgeben. Lediglich der Gewinn wird bei der Körperschaftsteuer auf der Ebene der Gesellschafter besteuert.

Buchung:

0950 Bank
an 8048 nichtsteuerbare Umsätze

! **Tipp**

Auch für Spiel-/Sportgemeinschaften gilt, dass diese i. d. Regel als GbR in eigenem Namen auftreten. Hierbei ist Folgendes zu beachten:

1. Der Zusammenschluss — auch von ausschließlich gemeinnützigen Vereinen — führt nicht dazu, dass es sich bei der Spiel-/Sportgemeinschaft ebenfalls um eine gemeinnützige Einrichtung handelt.
2. Da die Spiel-/Sportgemeinschaft nicht gemeinnützig ist, kann an diese nicht unmittelbar gespendet werden.
3. Die Spiel-/Sportgemeinschaft muss eine eigene Gewinnermittlung aufstellen.
4. Die Spiel-/Sportgemeinschaft ist umsatz- und ggf. gewerbesteuerpflichtig.
5. Für nicht korrekt abgeführte Steuern haftet jeder Gesellschafter in vollem Umfang.

Eine Spiel-/Sportgemeinschaft sollte nie ohne den zuständigen Verband gegründet werden. Nicht jeder Verband lässt eine solche zu, bzw. kann u. U. die Spiel-/Sportgemeinschaft in eine niedrigere Klasse einstufen.

Instandhaltung Freiplätze Tennis

Der Bauunternehmer »Schla-Wiener« bietet sich an, die Freiplätze zu sanieren. Drei Monate nach Fertigstellung gibt er dem Schatzmeister den Hinweis, dass die Sanierung 5.000 Euro gekostet hätte. Er bittet um eine Zuwendungsbestätigung in besagter Höhe. Eine Rechnung an den Verein wurde nicht ausgestellt.

Lösung:
Ohne Rechtsgrundlage (Rechnung plus Zahlungsverzicht) darf keine Zuwendungsbestätigung ausgestellt werden. Eine Buchung erübrigt sich.

Will man den Wertfluss als solchen dennoch buchen, kommt lediglich die Buchung »Spenden ohne Bescheinigung« in Betracht.

Buchung:

5565 Reparaturen, Instandhaltung Sportanlagen
an 3232 Geldzuwendungen ohne Zuwendungsbestätigung Ideeller Bereich

Tipp !

Für die Anerkennung einer Aufwandsspende (»statt Geld ein Stück Papier«) sind folgende Voraussetzungen zu erfüllen:

1. Vorheriger Rechtsanspruch durch Rechnung
2. Nachträglicher Verzicht
   - Schriftform erforderlich
   - kann auf der Rechnung vermerkt werden
3. Ernsthaftigkeit
4. finanzielle Mittel verfügbar, falls nicht verzichtet wird

Auf Unternehmerseite müsste die Rechnung gewinnerhöhend gebucht werden. Nach Erhalt einer Zuwendungsbestätigung kann der Unternehmer diese dann im Rahmen seines höchstmöglichen Spendenabzugs (ggf. 0 Euro, da bereits an andere gemeinnützige Einrichtungen ausreichend gespendet) geltend machen.

Kuchen- und Getränkespenden

Die Turnabteilung führt einmal im Jahr einen Elternabend durch, bei dem die Kinder zeigen können, was sie gelernt haben. Getränke und Kuchen werden von den Eltern kostenlos zur Verfügung gestellt. Die Eltern erwarten eine Zuwendungsbestätigung vom Verein.

Einnahmen aus dem Verkauf Speisen/Getränke 500 Euro.

Lösung:
Der Verkauf von Speisen und Getränken ist immer — auch bei der Jugend — ein steuerpflichtiger wirtschaftlicher Geschäftsbetrieb; d. h. die gespendeten Sachen werden damit nicht im ideellen Bereich oder steuerbegünstigten Zweckbetrieb verwendet.

Die Ausstellung einer Zuwendungsbestätigung ist unzulässig. Sollte der Verein sich dennoch »hinreißen« lassen, eine solche auszustellen, liegt ein Haftungstatbestand nach § 10 Abs. 4 EStG vor. Die zu zahlende Steuer beträgt 30 % der Zuwendung (= 200 Euro) und das Damoklesschwert der Aberkennung der Gemeinnützigkeit schwebt über dem Verein. Dann wird's noch teurer.

Buchung:

0930 Kasse Turnabteilung
an 8034 Erlöse Speisen und Getränke außerhalb Gaststätte 19 % USt

! **Tipp**

Der Verein könnte den Eltern den Sachwert (Materialwert) der gespendeten Sachen auszahlen und die Eltern spenden dann die erhaltenen Beträge (jetzt aber **als Geldspende**) dem Verein wieder zurück.

Vorteil für den Verein

Der Verein hat Betriebsausgaben für den Verkauf der Getränke und Kuchen; der Überschuss aus steuerpflichtigem wirtschaftlichem Geschäftsbetrieb wird geringer. Die Geldspenden sind Einnahmen im ideellen Bereich.

Vorteil für die Eltern

Diese können jetzt Spendenbescheinigungen erhalten und in ihren Einkommensteuererklärungen steuermindernd geltend machen.

! **Achtung**

Wird mehr als der reine Materialwert vom Verein ersetzt, liegen abgabepflichtige Lohnzahlungen vor. Der Verein muss dann für die über dem Materialwert liegenden Beträge Lohnsteuer und Sozialversicherungsbeiträge abführen.

Kursgebühren

Die Turnabteilung bietet mit großem Erfolg einen zehnstündigen Kurs »Bauch, Beine, Po« an. Die Kursgebühren betragen für Mitglieder 80 Euro (100 Teilnehmer = 8.000 Euro). Da inzwischen auch immer mehr Nichtmitglieder teilnehmen möchten, öffnet sich der Verein und bietet für Nichtmitglieder den gleichen Kurs für 100 Euro an (40 Teilnehmer = 4.000 Euro).

Ausgaben im Zusammenhang mit dem Kurs waren 150 Euro für einen Kassettenrekorder und 50 Euro für »fetzige« Musikkassetten.

Außerdem erhielt die Trainerin, Ellen Biegsam, eine jährliche Vergütung von 4.000 Euro sowie zwei Betreuerinnen je 2.000 Euro.

Lösung:
Die Ausbildung und Fortbildung in sportlichen Fertigkeiten gehört zu den typischen und wesentlichen Tätigkeiten eines Sportvereins. Sportkurse und Sportlehrgänge für Mitglieder und Nichtmitglieder von Sportvereinen (Sportunterricht) sind daher als »sportliche Veranstaltungen« zu beurteilen. Es ist unschädlich für die Zweckbetriebseigenschaft, dass der Verein mit dem Sportunterricht in Konkurrenz zu gewerblichen Sportlehrern tritt. Die Beurteilung des Sportunterrichts als sportliche Veranstaltung hängt nicht davon ab, ob der Unterricht durch Beiträge, Sonderbeiträge oder Sonderentgelte abgegolten wird.

Sportliche Veranstaltungen sind ein steuerbegünstigter Zweckbetrieb, wenn kein Sportler daran teilnimmt, der für seine sportliche Betätigung mehr als 400 Euro monatlich vom Verein oder einem Dritten erhält. Die Bezahlung von Trainern und Übungsleitern ist davon nicht betroffen.

Die Trainerin kann unter Anwendung des Mustervertrags »DOSB/DRV Bund« sozialversicherungsrechtlich als selbstständige Trainerin angesehen werden. Dies gilt immer dann, wenn die monatliche Vergütung nach Abzug der sog. »Übungsleiterpauschale« von 200 Euro monatlich 450 Euro nicht übersteigt.

Lohnsteuerlich gilt dies nur bei einer wöchentlichen Tätigkeit von bis zu sechs Stunden.

! **Wichtig**

Der Vertrag muss aber auch tatsächlich gelebt werden, d. h. der Vertrag allein nützt nichts, das Gesamtbild der Verhältnisse muss eine selbständige Tätigkeit ergeben.

Buchung:
Die Einnahmen und Ausgaben sind wie folgt zu buchen:

0960 Bank Turnabteilung
an 5704 Einnahmen aus Kursen/Sport 0 % USt

5570 Allgemeine Kosten des Sportbetriebs (hier: Kassettenrekorder, Musikkassetten)
an 0960 Bank Turnabteilung

5305 Personalkosten Trainer/Übungsleiter
an 0960 Bank Turnabteilung

Musikabteilung, öffentliche Auftritte

Die Musikabteilung spielt bei allen möglichen und unmöglichen Anlässen nicht nur für den Verein (eigene Konzerte) sondern auch für Fremde (auch nicht gemeinnützige Einrichtungen) mit dem Bläserensemble »Dicke Lippen« auf. Dafür kassieren sie pro Auftritt 300 Euro. So kommen im Jahr 10.000 Euro zusammen. Mit diesem Geld werden zehn Musikinstrumente (4.000 Euro) und die Noten (1.000 Euro) finanziert, die für den Unterricht und die entsprechenden Auftritte benötigt werden.

Lösung:
Ein gemeinnütziger Verein kann mehrere Zwecke verwirklichen, die aber — sollen sie steuerbegünstigt sein — alle in der Satzung enthalten sein müssen. Die öffentlichen Auftritte der Musikabteilung sind dann ein steuerbegünstigter Zweckbetrieb. Sie führen nicht zu einer Ertragsbesteuerung (Körperschaft- und Gewerbesteuer).

Bei der Umsatzsteuer ist der ermäßigte Steuersatz (7 %) anzuwenden.

Buchung:

0931 Kasse Musikabteilung

an 6010 Eintrittsgelder Zweckbetrieb 7 % USt

6190 Aufwendungen für Musikinstrumente

an 0961 Bank Musikabteilung

6192 Aufwendungen für Noten

an 0931 Kasse Musikabteilung

Oldie-Night

Die Handballabteilung bessert ihre Abteilungskasse durch eine Oldie-Night auf. Eintrittsgelder werden in Höhe von 4.000 Euro vereinnahmt. Die Kosten für die Rentnerband betragen 1.000 Euro sowie für weitere Abgaben (Gema) 320 Euro. Es werden für den Verkauf von Speisen und Getränken 6.000 Euro vereinnahmt und Ausgaben an Speisen (1.000 Euro) und Getränken (1.500 Euro) getätigt.

Lösung:
Die Oldie-Night ist keine steuerbegünstigte »kulturelle Veranstaltung«, sondern eine gesellige Veranstaltung. Damit liegt — wie auch beim Verkauf der Speisen und Getränke — ein steuerpflichtiger wirtschaftlicher Geschäftsbetrieb vor.

Buchung:
Die Veranstaltung zählt zu den wirtschaftlichen Geschäftsbetrieben des Vereins. Deshalb lautet der Buchungssatz wie folgt:

0925 Kasse Handballabteilung

an 8002 Eintrittsgelder aus geselligen Veranstaltungen 19 % USt

Die Erlöse aus dem Verkauf von Speisen und Getränken zählen ebenfalls zu den Einnahmen des wirtschaftlichen Geschäftsbetriebs. Der Buchungssatz lautet:

0925 Kasse Handballabteilung

an 8034 Erlöse Speisen und Getränke außerhalb Gaststätten 19 % USt

Die Kosten für das Engagement der Musikgruppe werden folgendermaßen verbucht:

8205 Musikkosten
an 0925 Kasse Handballabteilung

Die Ausgaben für die Speisen unterliegen dem verminderten Steuersatz von derzeit 7 %. Gebucht wird:

8152 Wareneingang 7 % Vorsteuer
an 0925 Kasse Handballabteilung

Die Getränke, die für die Oldie-Night eingekauft wurden, werden mit dem vollen Steuersatz in Höhe von 19 % gebucht.

8154 Wareneingang 19 % Vorsteuer
an 0925 Kasse Handballabteilung

Einige Vereinsverwaltungsprogramme wie Vereinsverwaltung professionell haben bei Buchungen von Ausgaben, die den Abzug der Vorsteuer erlauben, eine Verknüpfung mit Konto 0775 (7 %) bzw. 0780 (19 %), sodass nur ein Buchungsschritt notwendig ist.

Als Letztes müssen noch die diversen Abgaben, die für diese Veranstaltung zu leisten sind, korrekt verbucht werden. Der richtige Buchungssatz lautet:

8320 Sonstige Abgaben
an 0955 Bank Handballabteilung

! **Tipp**

Etwaige weitere Abgabepflichten (z. B. Gema etc.) sollten geprüft werden. Verträge oder sonstige Vereinbarungen sind vom BGB-Vorstand zu unterschreiben. Bei Vereinsfesten in der Nähe von Wohngebieten darf lt. OLG Stuttgart kein Rockkonzert stattfinden, wenn dabei bestimmte Lärmpegel überschritten werden. Eine Stadt war von Anwohnern verklagt worden, weil sie ihr Sportgelände einem Sportverein überlassen hatte. Der Verein veranstaltet seit mehreren Jahren auf dem Platz ein Sommerfest, im Festzelt spielen Musikgruppen bis weit nach Mitternacht.

Pferdepension

Für die Unterbringung und Pflege der Reitpferde werden von Mitgliedern 10.000 Euro vereinnahmt. Futterkosten, Medikamente, Hufschmied und Unterbringungskosten für fünf vereinseigene Pferde (Reitunterricht) und 15 Pferden von Mitgliedern betragen 10.000 Euro.

Da neben der bloßen Unterstellung des Pferdes (Boxenmiete) weitere Leistungen vom Verein übernommen werden, sind die Einnahmen als sonstige Leistung im steuerpflichtigen wirtschaftlichen Geschäftsbetrieb zu buchen. Es handelt sich nicht mehr um die Überlassung von Sportanlagen an Mitglieder.

Die Kosten sind anteilig auf die vereinseigenen Pferde (Zweckbetrieb) und auf die Pferde der Mitglieder (Pferdepension) aufzuteilen.

Lösung:
Zur Pensionstierhaltung von gemeinnützigen Körperschaften kommt der BFH in seinem Urteil vom 19.02.2004, BStBl II 2004, S. 672 zu dem Schluss, dass der ermäßigte Steuersatz gem. § 12 Abs. 2 Nr. 8a UStG dann Anwendung finden kann, wenn die Umsätze im Rahmen eines Zweckbetriebes nach § 65 AO erbracht werden.

Die OFD Münster hat mit einer Kurzinformation vom 13.07.2005 zur steuerlichen Problematik der Pensionstierhaltung wie folgt Stellung genommen:

Die Pensionspferdehaltung wird in der Regel von Reit- und Fahrvereinen betrieben, deren Satzungszweck die »Förderung des Sports« ist. Es erscheint daher regelmäßig als zweifelhaft, ob die Pensionspferdehaltung ein unentbehrliches Mittel zur Verwirklichung des satzungsmäßigen Zwecks darstellt. Im Übrigen ist davon auszugehen, dass insoweit ein schädlicher Wettbewerb i. S. des § 65 Nr. 3 AO gegeben ist, denn regelmäßig finden sich im Einzugsbereich zu den Reitvereinen Landwirte, die Pensionsställe betreiben. Zu diesen Pensionsbetrieben treten die Vereine zwangsläufig in Wettbewerb. Darüber hinaus ist in diesem Zusammenhang zu beachten, dass auch schon der potenzielle Wettbewerb für die Zuerkennung der Zweckbetriebseigenschaft als schädlich einzustufen ist.

Die Besteuerung der Pensionstierhaltung als wirtschaftlicher Geschäftsbetrieb hat mit dem Regelsteuersatz von 19 % zu erfolgen.

Buchung:

0956 Bank Reitsportabteilung
an 8007 Einnahmen Pferdepension 19 % USt

8173 Ausgaben Pferdepension
an 0956 Bank Reitsportabteilung

5570 Ausgaben vereinseigene Pferde
an 0956 Bank Reitsportabteilung

! **Tipp**

Der Bundesfinanzhof hat entgegen einer Entscheidung des FG Baden-Württemberg bestätigt, dass eine Umsatzsteuerbefreiung für Pensionspferdehaltung bei gemeinnützigen Reitvereinen grundsätzlich in Betracht kommt.

Pokale, Medaillen, Urkunden

Die Vereinsmeister im Geräteturnen erhalten Pokale und Urkunden im Wert von insgesamt 310 Euro.

Den Ehrenpreis im Wert von 1.000 Euro stiftet die bekannte Sushi-Bar »Seegras«. Der Unternehmer erwartet eine Spendenbescheinigung sowie auf jeder Turnmatte das Logo der Sushi-Bar.

Lösung:
Als sportliche Veranstaltung ist die organisatorische Maßnahme eines Sportvereins anzusehen, die es aktiven Sportlern (die nicht Mitglieder des Vereins zu sein brauchen) ermöglicht, Sport zu treiben. Die Ermittlung von Vereinsmeisterschaften zählt zu den sportlichen Veranstaltungen in diesem Sinne.

Bei den Ausgaben für Pokale, Medaillen und Urkunden handelt es sich deshalb nicht um Zuwendungen aus persönlichem Anlass oder besonderem Vereinsanlass. Eine Begrenzung der Kosten auf 40 Euro ist somit nicht zu beachten.

Die Einnahme der Sushi-Bar ist ein steuerpflichtiger wirtschaftlicher Geschäftsbetrieb. »Werbung«. Mit der Duldung des Schriftzugs des Sponsors auf jeder Turnmatte beteiligt sich der Verein aktiv an der Werbung. Da der Verein eine Gegenleistung erbringt, kann keine Spendenbescheinigung ausgestellt werden.

Die Sushi-Bar hat die Möglichkeit, die Ausgabe für den Pokal als Betriebsausgabe steuermindernd geltend zu machen. Durch Ausstellung einer Spendenbescheinigung käme es zur nochmaligen Steuerminderung.

Buchung:

5574 Kosten des Sportbetriebs (hier: Pokale)
an 0960 Bank Turnabteilung

Da es sich – wie bereits erwähnt – bei der Stiftung des Ehrenpreises durch die Sushi-Bar um eine Einnahme des wirtschaftlichen Geschäftsbetriebs auf der Seite des Vereins handelt, unterliegt diese dem vollen Umsatzsteuersatz von derzeit 19 %. Aus diesem Grund ist die Mehrwertsteuer herauszurechnen und auf ein Sammelkonto für die Umsatzsteuer zu buchen. Gebucht wird:

5574 Kosten des Sportbetriebs (hier: Ehrenpreis
an 8012 Einnahmen aus Werbung Reklameflächen 19 % USt

Pokalspiel

Die 1. Mannschaft (bezahlter Sport) der Fußballabteilung vereinnahmt anlässlich eines Pokalspiels 300 Euro Eintrittsgelder von Zuschauern, Schiedsrichtergebühren fallen 50 Euro an und für die Reinigung der Umkleidekabinen nochmals 50 Euro.

Lösung:
Bei Pokalspielen oder ähnlichen Veranstaltungen findet üblicherweise eine Einnahmenteilung statt; d. h. jeder Verein erhält nach Abzug der unmittelbaren Ausgaben vom verbleibenden Überschuss 50 %.

Buchung:
Da es sich bei dem Turnier um eine Veranstaltung handelt, die dem wirtschaftlichen Geschäftsbetrieb zuzuordnen ist, kommt der Normalsteuersatz in Höhe von 19 % zum Ansatz (Einnahmen einschließlich USt von mehr als 35.000 Euro). Infolgedessen werden die Eintrittsgelder wie folgt gebucht:

0922 Kasse Fußballabteilung
an 7008 Eintrittsgelder aus Sportturnieren 19 % USt

Bei den Schiedsrichtergebühren handelt es sich um eine Ausgabe im Rahmen einer ertragsteuerpflichtigen Veranstaltung. Deshalb wird gebucht:

7357 Schiedsrichtergebühren
an 0922 Kasse Fußballabteilung

Für die Reinigungskosten gilt folgender Buchungssatz:

7401 Reinigungskosten
an 0922 Kasse Fußballabteilung

Der Buchungssatz für den Anteil des gegnerischen Vereins lautet folgendermaßen:

7351 Kostenerstattung Gastmannschaft
an 0922 Kasse Fußballabteilung

! **Tipp**

Da der gastgebende Verein umsatzsteuerlich der Veranstalter ist, hat er aus den Gesamteinnahmen die Mehrwertsteuer in voller Höhe an das Finanzamt abzuführen. Er sollte deshalb vor Weitergabe des hälftigen Anteils an den Gastverein die Mehrwertsteuer herausrechnen; d. h. die Nettoeinnahmen ermitteln. Von diesen werden dann die Ausgaben abgezogen und der verbleibende Überschuss ist zur Hälfte an den Gastverein weiterzugeben.

Eintrittsgelder	300,00 EUR
– 19 % MwSt	47,90 EUR
	252,10 EUR
– Schiedsrichtergebühren	50,00 EUR
– Kabinenreinigung	50,00 EUR
verbleibender Betrag	152,10 EUR
davon 50 % an Gastverein	76,05 EUR

Der Gastverein hat aus seinem hälftigen Anteil nicht nochmals Mehrwertsteuer an das Finanzamt zu bezahlen. Sollte der gastgebende Verein aus den Eintrittsgeldern 50 % (= 150,00 Euro) an den Gastverein abführen, muss er aus seinem verbleibenden Anteil (79,31 Euro) die gesamte Umsatzsteuer (47,90 Euro) bezahlen. Dem gastgebenden Verein verbleiben dann gerade einmal 2,10 Euro!

Reitpferd, Verkauf

Der Verein verkauft an ein Mitglied ein Reitpferd, welches ausschließlich für den Reitunterricht genutzt wurde, für 7.000 Euro. Der Verein hat sich gegenüber dem Käufer des Pferdes zusätzlich verpflichtet, zwei Jahre lang kostenlos Pferdepension (Wert insgesamt 2.000 Euro) zu gewähren.

Lösung:
Da das Reitpferd für den Reitunterricht genutzt wurde (steuerbegünstigter Zweckbetrieb), ist auch die Einnahme aus dem Verkauf dort zu buchen. Die Zuordnung der Einnahme aus dem Verkauf von Gegenständen des Anlagevermögens richtet sich immer nach der jeweiligen vorherigen Nutzung im Verein. Da die Pferdepension aber einen steuerpflichtigen wirtschaftlichen Geschäftsbetrieb darstellt, muss die Einnahme wie folgt aufgeteilt werden:

Einnahme Reitpferd	5.000 EUR
+ Übernahme Pferdepension für 2 Jahre	2.000 EUR
	7.000 EUR
Ausgaben:	
Pferdepension lfd. Jahr	1.000 EUR

Buchung:

0956 Bank Reitsportabteilung
an 5782 Sonstige betriebliche Erträge (Verkauf Inventar) 0 % USt

0956 Bank Reitsportabteilung
an 8007 Einnahmen Pferdepension 19 % USt

8173 Sonstige betriebliche Aufwendungen (Pferdepension)
an 0956 Bank Reitsportabteilung

Reitunterricht

Die Reitsportabteilung »Wilde Reiter« erteilt Reitunterricht an Mitglieder (3.000 Euro) und Nichtmitglieder (6.000 Euro). Der Reitsportlehrer, Dieter Ross, erhält für seine Tätigkeit eine Vergütung von 4.000 Euro.

Lösung:
Sportkurse und Sportlehrgänge für Mitglieder **und** Nichtmitglieder von Sportvereinen sind bei Anwendung des § 67 a Abs. 3 AO als Zweckbetrieb zu behandeln, wenn kein Sportler als Ausbilder teilnimmt, der wegen seiner Betätigung in dieser Sportart als bezahlter Sportler i. S. des § 67 a Abs. 3 AO anzusehen ist. Die Bezahlung von Trainern und Übungsleitern berührt die Zweckbetriebseigenschaft nicht.

Ein Reitlehrer kann selbstständig tätig sein, da er oftmals neben dem Reitunterricht im Verein auch Einzelstunden erteilt. Nach Rücksprache mit der Deutschen Rentenversicherung (DRV Bund) in Berlin ist von einer Selbstständigkeit auszugehen.

Buchung:

0956 Bank Reitsportabteilung
an 5704 Einnahmen aus Kursen/Sport 0 % USt (Einnahmen Reitkurs)

und

5305 Personalkosten Trainer/Übungsleiter

an 0956 Bank Reitsportabteilung

Schlachtenbummler

Die Tischtennisabteilung steht kurz vor dem Aufstieg. Der Verein organisiert deshalb eine Fahrt für Schlachtenbummler zum nächsten Meisterschaftsspiel. Er tritt nach außen nicht als Veranstalter auf. Der Abteilungsleiter kassiert zwar die Fahrkosten, leitet diese aber in voller Höhe (400 Euro) an den Busunternehmer weiter.

Lösung:
Der Verein organisiert zwar die Fahrt, übernimmt z. B. aber für die Beförderung keine Garantie, trägt kein Risiko, bekommt vom Busunternehmen für die Zusammenstellung der Reiseteilnehmer kein Entgelt, muss die vollen Fahrtkosten an den Busunternehmer abführen etc. Damit wird der Verein nicht selbst als Unternehmer tätig. Rechtsbeziehungen ergeben sich nur zwischen Busunternehmer und den jeweiligen Reiseteilnehmern. Beim Verein liegt lediglich ein durchlaufender Posten vor, der keine Umsatzsteuerpflicht nach § 10 Abs. 1 Satz 4 UStG auslöst.

Buchung:
Daher muss folgendermaßen gebucht werden:

0933 Kasse Tischtennisabteilung

an 0870 Durchlaufende Posten Einnahmen

0870 Durchlaufende Posten Ausgaben

an 0933 Kasse Tischtennisabteilung

Schwimmbad

Der Verein unterhält ein vereinseigenes Schwimmbad, welches auch in Absprache mit der Stadt für die Bevölkerung (Nichtmitglieder) gegen Eintrittsgebühr offen steht. Die Eintrittsgebühr beträgt 3 Euro. Die Mitglieder des Vereins können das Freibad mit Zahlung des allgemeinen Vereinsbeitrags »unentgeltlich« nutzen.

Eintrittsgelder 9.000 Nichtmitglieder × 3 Euro = 27.000 Euro

In Übereinkunft mit dem Finanzamt wurde der Anteil Mitglieder, die das Freibad nutzen, auf durchschnittlich 20 % v. 120.000 Euro (s. Beiträge) festgelegt.

Für Wasser und Wasserreinigung fallen jährlich 46.000 Euro an, für Reparaturkosten Ausstattung 10.000 Euro, für Gebäudekosten 15.000 Euro, für Strom 8.000 Euro, für Heizung 12.000 Euro, für Versicherung 2.000 Euro und für Verwaltungskosten 3.000 Euro.

Im Rahmen einer Defizitbezuschussung erhielt der Verein einen Zuschuss zu den Betriebskosten Bad in Höhe von 50.000 Euro und einen Zuschuss für Übungsleiter von 5.260 Euro.

Lösung:
Da mit der Zahlung der Mitgliedsbeiträge nicht nur die den Gesamtbelangen sämtlicher Mitglieder dienenden satzungsgemäßen Gemeinschaftszwecke erfüllt werden, sondern auch Sonderbelange den einzelnen Mitgliedern zukommen, sind die Beiträge in sog. echte und unechte aufzuteilen. Dies gilt auch dann, wenn ein Mitglied im Einzelfall trotz Beitragszahlung auf die Nutzung des Schwimmbades verzichtet.

Buchung:
Auf dieser Grundlage ist zu buchen wie folgt:

0920 Kasse
an 6010 Eintrittsgelder Gäste 7 % USt

2110 Echte Mitgliedsbeiträge bis 256 Euro
an 6011 Eintrittsgelder Mitglieder 7 % USt

0950 Bank
an 6020 Zuschuss Betriebskosten

0950 Bank

an 2302 Zuschüsse von Behörden (Übungsleiterzuschuss)

6332 Wasser und Wasserreinigung

an 0950 Bank

6302 Reparaturkosten Ausstattung

an 0950 Bank

6330 Gebäudekosten, Andere Zweckbetriebe

an 0950 Bank

6331 Strom

an 0950 Bank

6333 Heizung

an 0950 Bank

6353 Versicherung

an 0950 Bank

6340 Verwaltungskosten, Andere Zweckbetriebe

an 0950 Bank

Showauftritt der Tanzsportabteilung

Das Spitzen-Lateinpaar »Schmidtchen/Schleicher« tritt anlässlich der Eröffnungsfeier eines Autohauses als Highlight auf. Für diesen Auftritt vereinnahmt der Verein 500 Euro.

Lösung:
Eine sportliche Veranstaltung liegt auch dann vor, wenn ein Sportverein in Erfüllung seiner Satzungszwecke im Rahmen einer Veranstaltung einer anderen Person oder Körperschaft eine sportliche Darbietung erbringt. Die Veranstal-

tung, bei der die sportliche Darbietung präsentiert wird, braucht keine steuerbegünstigte Veranstaltung zu sein.

Bei dem Auftritt des Tanzpaares handelt es sich demzufolge um eine steuerbegünstigte sportliche Veranstaltung. Die Einnahme ist mit 7 % umsatzsteuerpflichtig.

Buchung:

0958 Bank Tanzsportabteilung
an 5065 Einnahmen 7 % USt

! **Tipp**

Sollte das Geld oder ein Teil davon vom Verein an die Sportler ausbezahlt werden, so handelt es sich dabei um abgabepflichtigen Arbeitslohn. Etwas anderes würde nur im Fall von nachgewiesenen Auslagen (z. B. km-Geld) gelten. Nachweis heißt aber, dass Aufzeichnungen über die gefahrenen km geführt werden. Diese könnten dann bei Benutzung eines privaten Pkw mit 0,30 Euro/Kilometer steuer- und sozialversicherungsfrei ausbezahlt werden.

Skatturnier

Die AH der Fußballabteilung veranstaltet am Vatertag ein Skatturnier. Von den Skatspielern werden Startgelder von insgesamt 2.000 Euro erhoben.

Lösung:
Ein wesentliches Element des Sports ist nach § 52 Abs. 2 Nr. 2 AO die körperliche Ertüchtigung. Skat ist nach einem BFH-Urteil v. 12.02.2000 kein Sport im Sinne des Gemeinnützigkeitsrechts. Gleiches gilt für Bridge, Gospiel, Gotcha und Paintball.

Führt ein gemeinnütziger Sportverein Skatwettspiele durch und werden von den Mitgliedern Beträge zur Deckung der Kosten und zur Auszahlung von Preisen vereinnahmt, sind die gesamten Einnahmen mit 19 % umsatzsteuerpflichtig.

Buchung:

0922 Kasse Fußballabteilung
an 8003 Erlöse 19 % USt (z. B. »Startgelder gesellige Veranstaltungen«)

Skihütte

Die neu gegründete Skiabteilung unterhält eine Skihütte im Allgäu mit 50 Übernachtungsmöglichkeiten. Im Veranlagungsjahr wurde die Hütte wie folgt genutzt:

1. 350 Übernachtungen × 5 Euro an Jugendliche (Mitglieder des Vereins) zu sportlichen Zwecken (Rennen, Training, Meisterschaften etc.),
2. 400 Übernachtungen × 5 Euro an Jugendliche zu Freizeitmaßnahmen,
3. 200 Übernachtungen × 8 Euro an Schulklassen und Jugendliche (Mitglieder anderer Sportvereine) zu Erziehungs- und Ausbildungszwecken,
4. 500 Übernachtungen × 10 Euro an Erwachsene (Mitglieder und Nichtmitglieder des Vereins),
5. 50 Übernachtungen × 10 Euro an Betreuer der zu 1. bis 3. genannten Jugendlichen.

Die Vorsteuerbeträge des Vereins betragen im Veranlagungsjahr 12.000 Euro.

Lösung:
Die unter 1. bis 3. und 5. aufgeführten Übernachtungen sind steuerbar, aber nach § 4 Nr. 23 UStG steuerfrei, da die Aufnahme zur Erziehung, Ausbildung oder Fortbildung von Personen, die das 27. Lebensjahr noch nicht vollendet haben, innerhalb des Veranlagungszeitraums überwiegt (1.000 Übernachtungen begünstigt, 500 Übernachtungen nicht begünstigt = begünstigte Übernachtungen mehr als 50 %).

Die Übernachtung an Erwachsene — unabhängig dessen, ob Mitglieder oder Nichtmitglieder des Vereins — ist nicht befreit, da § 4 Nr. 12 und 23 UStG nicht zum Ansatz kommen. Da es sich bei diesen Leistungen auch nicht um solche aus sportlichen Veranstaltungen handelt, entfällt der ermäßigte Steuersatz nach § 12 Abs. 2 Nr. 8 UStG.

Bezüglich der Vorsteueraufteilung ist wie folgt zu verfahren:

- Gesamtübernachtungen 1.500 3/3

- davon steuerfreie Übernachtungen 1.000 2/3
- steuerpflichtige Übernachtungen 500 1/3

Die Vorsteuerbeträge sind zu 1/3 abzugsfähig (= 4.000 Euro) und zu 2/3 nicht abzugsfähig (= 8.000 Euro).

Buchung:

0962 Bank Skiabteilung
an 5744 Einnahmen aus Sportunterricht Jugendhilfe 0 % USt

0962 Bank Skiabteilung
an 8006 Erlöse aus Leistungen 19 % USt

Sponsoring, Namenswerbung durch Sponsor

Die Getränkefirma »Flüssig-Fit-GmbH« fördert die Jugendarbeit des Vereins mit einer jährlichen Überweisung von 10.000 Euro. Der Verein hat der Firma gestattet, in Publikationen der Firma auf dieses Engagement hinzuweisen.

Die Getränkefirma versieht alle Flaschen mit dem Aufdruck
»Mit jedem Schluck unterstützen wir die Jugendarbeit des SKV Insolvenza«.

Lösung:
Ein wirtschaftlicher Geschäftsbetrieb liegt nicht vor, wenn ein steuerbegünstigter Verein dem Sponsor nur die Nutzung seines Namens zu Werbezwecken in der Weise gestattet, dass der Sponsor selbst zu Werbezwecken oder zur Imagepflege auf seine Leistungen an den Verein hinweist. Der Verein wirkt in diesem Fall nicht aktiv an der Werbung mit.

Die Einnahmen sind dem ideellen Bereich zuzuordnen und nach Abschn. 1.1 Abs. 23 UStAE umsatzsteuerfrei.

Buchung:

0950 Bank
an 4204 Erlöse Namenswerbung 7 % USt

Sponsoring, Vermögensverwaltung

Drei Sponsoren haben sich mit je 5.000 Euro an den Kosten des Jubiläumsballs beteiligt.

Auf der Einladung zum Jubiläumsball wird den Sponsoren Reisebüro, Möbelhaus und Elektrohandel für die freundliche Unterstützung wie folgt gedankt:

> Mit freundlicher Unterstützung durch
>
> Globus-Reisen   Möbelhaus Sperrmüll   Elektro-Birne-GmbH

Lösung:
Ein wirtschaftlicher Geschäftsbetrieb liegt nicht vor, wenn der Empfänger der Leistungen z. B. auf Plakaten, Veranstaltungshinweisen, in Ausstellungskatalogen oder in anderer Weise auf die Unterstützung durch einen Sponsor lediglich hinweist. Dieser Hinweis kann unter Verwendung des Namens, Emblems oder Logos des Sponsors, jedoch ohne besondere Hervorhebung, erfolgen.

Die Einnahmen sind dem ideellen Bereich zuzuordnen und nach Abschn. 1.1 Abs. 23 UStAE umsatzsteuerfrei.

Buchung:

0950 Bank
an 4204 Erlöse Namenswerbung 7 % USt (bloße Danksagung)

Sponsoring, wirtschaftlicher Geschäftsbetrieb

Die Damen-Fußball-Mannschaft (unbezahlte Sportlerinnen) erhält aufgrund eines Ausrüstervertrags mit dem Sporthaus jährlich

- einen Satz Trikots (Wert 2.500 Euro),
- Sportgeräte (Wert 2.000 Euro) und
- einen Geldbetrag von 15.000 Euro zur Verfügung gestellt.

Das Sporthaus erhält als Gegenleistung die Zusage einer Seite »Werbung« im Stadionblatt, der Beflockung des Logos auf den Trikots sowie der Lautsprecherdurchsage bei allen Heimspielen.

Lösung:
Unter Sponsoring wird üblicherweise die Gewährung von Geld oder geldwerten Vorteilen durch Unternehmen zur Förderung von Personen, Gruppen und/oder Vereinen in sportlichen und kulturellen Bereichen verstanden, mit der regelmäßig auch eigene unternehmensbezogene Ziele der Werbung oder Öffentlichkeitsarbeit verfolgt werden. Leistungen eines Sponsors beruhen häufig auf einer vertraglichen Vereinbarung zwischen dem Sponsor und dem Empfänger der Leistungen (Sponsoring-Vertrag), in dem Art und Umfang der Leistungen des Sponsors und des Empfängers geregelt sind.

Ein wirtschaftlicher Geschäftsbetrieb liegt vor, wenn der Verein an den Werbemaßnahmen mitwirkt. Mit einer Trikotwerbung wirkt ein Verein bereits durch Duldung des Werbeaufdrucks auf den Trikots aktiv an Werbemaßnahmen mit.

Die Einnahmen sind mit dem vollen Steuersatz (19 %) zu versteuern.

Da die Aufwendungen der Damen-Mannschaft dem steuerbegünstigten Zweckbetrieb »Sportliche Veranstaltungen ohne bezahlte Sportler« zuzurechnen sind, dürfen die Einnahmen aus Sponsoring nicht verrechnet werden.

Buchung:
Da es sich bei den Damen um unbezahlten Sport handelt, wurde das neue Konto 8015 angelegt.

5605 Sportbekleidung

an 8015 Einnahmen aus Werbung Reklameflächen (Trikotwerbung) 19 % USt

5630 Betriebskosten Ausstattung Sportgeräte

an 8016 Sonstige Werbeeinnahmen 19 % USt (Werbung auf Sportgeräte)

0953 Bank Damenfußball

an 8016 Sonstige Werbeeinnahmen 19 % USt (Sponsoring)

Sportanlagen, Vermietung

Die Tennisabteilung vermietet Tennisplätze an Mitglieder (8.000 Euro) und Nichtmitglieder (2.000 Euro) stundenweise.

Lösung:
Die Überlassung von Sportanlagen zählt nicht zu den Zweckbetrieben »sportliche Veranstaltungen«. Sie ist an Mitglieder ein steuerbegünstigter Zweckbetrieb eigener Art; an Nichtmitglieder ein wirtschaftlicher Geschäftsbetrieb.

Auch die Vermietung von Freiplätzen ist – unabhängig des geringen Anteils an Betriebsvorrichtungen (Netz, Bank etc.) – aufgrund geänderter Rechtsprechung in vollem Umfang umsatzsteuerpflichtig. Die Einnahmen von Mitgliedern sind mit 7 % USt, von Nichtmitgliedern mit 19 % USt zu versteuern.

Für die in unmittelbarem Zusammenhang mit steuerpflichtigen Einnahmen stehenden Ausgaben können bei Vorliegen entsprechender Rechnungen die darin enthaltenen und ausgewiesenen Umsatzsteuerbeträge im Rahmen des Vorsteuerabzugs geltend gemacht werden.

Buchung:

0929 Kasse Tennisabteilung

an 5105 Platzgebühren 7 % USt, Überlassung Sportanlagen an Mitglieder

0929 Kasse Tennisabteilung
an 8018 Kurzfristige Benutzungsgebühren von Nichtmitgliedern 19 % USt

Sportbetrieb, allgemeine Kosten

Für den allgemeinen Sport-, Trainings- und Wettkampfbetrieb hat der Verein im laufenden Jahr insgesamt 300.000 Euro aufgewendet.

Buchung:

5570 Allgemeine Kosten des Sportbetriebs, Zweckbetriebe Sport
an 0950 Bank

Sportgeräte, Verleih

Der SKV Insolvenza geht mit der Zeit und bietet einen Einsteigerkurs »Wie walke ich nordic richtig« an. Neben der Kursgebühr erhebt er von Mitgliedern eine Leihgebühr für Stöcke von 2 Euro (gesamt 60 Euro) und von Nichtmitgliedern 5 Euro (gesamt 50 Euro).

Lösung:
Zu den nach § 4 Nr. 22a UStG umsatzsteuerfreien Einnahmen gehören auch solche aus der Erteilung von Sportunterricht, soweit dieser im Rahmen eines Zweckbetriebs i. S. des § 67a AO durchgeführt wird. Die Steuerbefreiung gilt unabhängig davon, ob der Sportunterricht Mitgliedern des Vereins oder anderen Personen erteilt wird.

Der Verleih von Sportgeräten (hier: Walking-Stöcke) an Mitglieder ist dagegen als Zweckbetrieb mit 7 % umsatzsteuerpflichtig. Erfolgt der Verleih an Nichtmitglieder, entfallen auf die Einnahmen 19 % Mehrwertsteuer.

Buchung:

0920 Kasse
an 5100 Leistungen gegenüber Mitgliedern 7 % USt

0920 Kasse
an 8008 Erlöse aus Leihgebühren 19 % USt

Sporthalle, Vermietung

Der Verein vermietet seine Sporthalle jeden Montag an den Nachbarverein für dessen Sportbetrieb. Die jährliche Pachteinnahme beträgt 3.600 Euro, die anteiligen Kosten betragen 1.600 Euro.

Lösung:
Bei Vermietung von Sportstätten einschließlich der Betriebsvorrichtungen für sportliche Zwecke ist zwischen der Vermietung auf längere Dauer und der Vermietung auf kurze Dauer (z. B. stundenweise Vermietung, auch wenn die Stunden für einen längeren Zeitraum im Voraus festgelegt werden) zu unterscheiden.

Da der Verein nicht nur stundenweise, sondern ganztägig und auch die gesamte Sporthalle und nicht nur anteilige Flächen vermietet, liegt eine Vermietung auf längere Dauer vor. Der Verein ist im Übrigen auch von der Nutzung der Halle montags ausgeschlossen.

Die Vermietung auf längere Dauer ist dem Bereich der steuerfreien Vermögensverwaltung zuzuordnen, aber mit 7 % umsatzsteuerpflichtig.

Nach der neueren Rechtsprechung fällt bei einer dauerhaften Vermietung einer Turnhalle keine Umsatzsteuer an. Allerdings gibt es dann auch keinen Vorsteuerabzug.

Buchung:

0950 Bank
an 4120 Einnahmen aus Vermietung Sportstätten für längere Dauer 7 % USt

4750 Grundstücksaufwendungen
an 0950 Bank

Sportkleidung, Kauf und Reinigung

Der Verein kauft per Sammelbestellung je 20 Trikots für die Aktiven (bezahlter Sportler) und die Altherrenmannschaft der Fußballabteilung. Das Sportgeschäft berechnet dafür je 600 Euro.

Die Trikots der 1. Mannschaft werden von einem Mitglied regelmäßig wöchentlich gewaschen. Dafür erhält das Mitglied »Clementine Zuber« je Trikot 1,50 Euro. Bei zwanzig Trikots und viermaliger monatlicher Reinigung erhält Clementine 1.440 Euro jährlich.

Lösung:
Der Rechnungsbetrag der Sportkleidung muss je nach Verwendung den einzelnen Bereichen (Zweckbetrieb und wirtschaftlicher Geschäftsbetrieb) zugeordnet werden.

Die Aufwendungen für das Reinigen der Sportkleidung sind im vorliegenden Fall als Auslagenersatz (Wasser, Strom, Waschpulver etc.) zu werten. Etwas anderes gilt, wenn mit einer geringen Vergütung nicht nur Auslagen, sondern auch Arbeitszeit vergütet werden soll. Dann liegt, soweit keine detaillierte Aufstellung über Auslagen gemacht wurde, insgesamt abgabepflichtiger Arbeitslohn vor.

Buchung:

5605 Sportkleidung, Zweckbetriebe Sport
an 0952 Bank Fußballabteilung

und

7416 Sportkleidung, Wirtschaftlicher Geschäftsbetrieb
an 0952 Bank Fußballabteilung

Für die Verbuchung des Aufwands für die Reinigung der Trikots der Spieler der 1. Mannschaft ist für den DATEV-Kontenrahmen SKR 49 ein neues Konto einzurichten, z. B.:

7417 Reinigung Sportkleidung, Wirtschaftlicher Geschäftsbetrieb
an 0952 Kasse Fußballabteilung

Sportlerball

Nach Abschluss des Tischtennis-Turniers findet am Abend die Siegerehrung statt. Hierzu hat die Abteilungsleiterin, Ludmilla Ping-Pong, die Stadthalle angemietet, das Showorchester »Schräge Töne« engagiert und den über die Stadtgrenzen hinaus bekannten Caterer, Roy Käferle, verpflichtet.

In der Ausschreibung zum Turnier war Folgendes zu lesen: Startgeld einschl. Abendveranstaltung für Aktive: 50 Euro; Passive 25 Euro. Insgesamt kamen 2.325 Euro zusammen.

Beginn der Abendveranstaltung ist 20 Uhr. Nach den Grußworten des Ministerpräsidenten, des Verbandsvorsitzenden und des Vereinsvorsitzenden werden die erfolgreichen Sportler geehrt. Ab 21 Uhr ist der offizielle Teil vorbei. Ende der Abendveranstaltung ist für 1 Uhr vorgesehen.

Lösung:
Unabhängig von der »hochkarätigen« Besetzung der Grußredner und der Sportlerehrung handelt es sich um keine sportliche Veranstaltung sondern um eine gesellige Veranstaltung. Diese ist als steuerpflichtiger wirtschaftlicher Geschäftsbetrieb zu behandeln, da der zeitliche Rahmen des geselligen Beisammenseins gegenüber den Grußworten und der Sportlerehrung überwiegt.

Aus den Einnahmen der Aktiven sind 25 Euro als Startgeld den Einnahmen aus sportlichen Veranstaltungen zuzurechnen und 25 Euro als Eintrittsgeld aus geselliger Veranstaltung.

Buchung:

0933 Kasse Tischtennis
an 8002 Eintrittsgelder aus geselligen Veranstaltungen 19 % USt

Sportreise

Die Turnabteilung fährt zum Landesturnfest und übernimmt für den Topturner des Vereins »Boris Gelenki« Aufwendungen für die An- und Abreise und die Unterbringung. Diese betragen 250 Euro.

Lösung:
Sportreisen sind als sportliche Veranstaltungen anzusehen, wenn die sportliche Betätigung wesentlicher und notwendiger Bestandteil der Reise ist (z. B. Reise zum Wettkampfort). Reisen, bei denen die Erholung der Teilnehmer im Vordergrund steht (Touristikreisen), zählen dagegen nicht zu den sportlichen Veranstaltungen, selbst wenn anlässlich der Reise auch Sport getrieben wird.

Eine Begrenzung der Aufwendungen auf 40 Euro je Teilnehmer ist aus gemeinnützigkeitsrechtlichen Gründen nicht vorzunehmen, da es sich um eine vom Verein veranlasste Sportreise handelt. Der Verein kann die anfallenden Kosten für die aktiven Sportler in voller Höhe übernehmen.

Buchung:

5500 Reisekosten für aktive Mitglieder
an 0960 Bank Turnabteilung

Standgebühr, Schießanlage

Der Abteilungsschatzmeister »Karl Kimme« erhebt von den Mitgliedern der Schießsportabteilung für die Benutzung der Schießsportanlage »Im Korn« folgende Gebühren:

- Einnahmen aus Standgebühren (Trainingsbetrieb) 1.500 Euro
- Munitionsverkauf bei Meisterschaftsschießen 500 Euro

Anteilige Kosten (Munitionskauf, Energiekosten Schießanlage, AfA etc.) betragen 1.244 Euro.

Lösung:
Die Standgebühr ist als Überlassung von Sportanlagen an Mitglieder eine Einnahme im steuerbegünstigten Zweckbetrieb. Die Einnahme in vollem Umfang umsatzsteuerpflichtig.

Auch der Verkauf der Munition zählt zu den Einnahmen aus steuerbegünstigtem Zweckbetrieb.

Buchung:

0957 Bank Schießsportabteilung
an 5105 Platzgebühren 7 % USt

und

0957 Bank Schießsportabteilung
an 5250 Sonstige Einnahmen Zweckbetrieb Sport (Munitionsverkauf) 7 % USt

und

5570 Allgem. Kosten Sportbetrieb (Munitionskost., Energiekost. Schießanlage, Afa etc.)
an 0957 Bank Schießsportabteilung

Standgebühr Vereinsjubiläum

Anlässlich des 100-jährigen Vereinsjubiläums findet auf dem Vereinsgelände ein viertägiges Jubiläumsfest mit allerlei Attraktionen statt. U. a. hat man für die Kinder eine »Handwerkergasse« aufgebaut. Verschiedene Handwerksberufe stellen sich an einzelnen Ständen dar und geben den Kindern Gelegenheit, sich selbst zu betätigen. (Schreiner lassen hobeln, Gärtner lassen pflanzen, Töpfer lassen kneten.)

Der Verein erhebt von den Handwerkern ein Standgeld von 100 Euro, insgesamt erhält er so 1.500 Euro.

Lösung:
Bei den Einnahmen aus Standgeld handelt es sich nicht um eine reine Vermietung und Verpachtung von Grundstücksteilen, sondern um Verträge besonderer Art.

Die Einnahmen sind dem steuerpflichtigen wirtschaftlichen Geschäftsbetrieb zuzurechnen.

Buchung:

0950 Bank
an 8100 Sonstige betriebliche Erträge 19 % USt, Sonstige Geschäftsbetriebe (hier: Standgebühr Festplatz)

Steuerberatungskosten

Die Einnahme-Überschuss-Rechnung und die Steuererklärungen des Vereins werden von einem Steuerberater für 1.500 Euro erstellt.

Lösung:
Da die Einnahme-Überschuss-Rechnung alle vier Bereiche betrifft, sind die Aufwendungen anteilig dem ideellen Bereich, der Vermögensverwaltung, dem steuerbegünstigten Zweckbetrieb und dem steuerpflichtigen wirtschaftlichen Geschäftsbetrieb zuzuordnen. Der anteilige Umfang wurde geschätzt:

- ideeller Bereich 10 %
- Vermögensverwaltung 10 %
- Zweckbetrieb »unbezahlter Sport« 20 %
- steuerpflichtiger wirtschaftlicher Geschäftsbetrieb »bezahlter Sport« 20 %
  und
- übrige wirtschaftliche Geschäftsbetriebe 40 %

Buchung:

Die prozentuale Aufteilung ist folgendermaßen zu buchen:

2850 Steuerberatungskosten, ideeller Bereich
an 0950 Bank

4850 Steuerberatungskosten, Vermögensverwaltung
an 0950 Bank

5655 Steuerberatungskosten, Zweckbetriebe Sport
an 0950 Bank

Um die Kosten für den bezahlten Sport zu buchen, wurde ein neues Konto 7550 angelegt, damit der Aufwand nicht auf einem Sammelkonto bzw. auf ein Konto »Sonstige Ausgaben« aufläuft:

7550 Steuerberatungskosten, wirtschaftliche Geschäftsbetriebe, bezahlter Sport
an 0950 Bank
8350 Steuerberatungskosten, wirtschaftliche Geschäftsbetriebe
an 0950 Bank

Tipp !

Auch für weitere Ausgaben (z. B. Energiekosten, Büromaterial, Personalkosten etc.) stellt sich die Frage der genauen Zuordnung zu einzelnen Bereichen. Für die anteilige Zuordnung können die Nutzflächen, der zeitliche Anteil, die Einnahmen etc. maßgebend sein.

Tennishalle, Nutzung

Die Tennishalle wird zu 25 % für den eigenen Trainingsbetrieb genutzt, zu 50 % an Mitglieder (Stunde 15 Euro) und zu 25 % an Nichtmitglieder (Stunde 20 Euro) vermietet.

Einnahmen für die Zeit vom 1. April bis 31. Dezember sind eingegangen von

- Eigennutzung 20.000 Euro
- Mitgliedern 40.000 Euro
- Nichtmitgliedern 15.000 Euro

Lösung:

Die Vermietung von Sportstätten und Betriebsvorrichtungen auf kurze Dauer (hierzu zählt auch die auf einen längeren Zeitraum im Voraus festgelegte stundenweise Vermietung) schafft lediglich die Voraussetzungen für sportliche Veranstaltungen. Sie ist jedoch selbst keine »sportliche Veranstaltung«, sondern ein wirtschaftlicher Geschäftsbetrieb eigener Art.

Dieser ist als **Zweckbetrieb** anzusehen, wenn es sich bei den Mietern um Mitglieder des Vereins handelt.

Bei der Vermietung auf kurze Dauer an Nichtmitglieder tritt der Verein dagegen in größerem Umfang in Wettbewerb zu nicht begünstigten Vermietern. Es liegt damit ein **steuerpflichtiger wirtschaftlicher Geschäftsbetrieb** vor.

Die Einnahmen aus der Vermietung von Sportanlagen unterliegen in vollem Umfang der Umsatzbesteuerung (Mitglieder = 7 %, Nichtmitglieder = 19 %).

Um den vollen Vorsteuerabzug aber zu erhalten, muss die Nutzung für den eigenen Trainingsbetrieb ebenfalls versteuert werden. Aus Vereinfachungsgründen werden die Preise für die Platznutzung durch die Mitglieder (= kostendeckende Kalkulation) herangezogen.

! **Wichtig**

Seit dem 01.01.2013 gilt für den Vorsteuerabzug das strikte Trennungsprinzip. Der Verein muss bei jeder Eingangsrechnung ggf. die Vorsteuer in einen nichtabzugsfähigen Teil (für nicht unternehmerische Zwecke) und in einen abzugsfähigen Teil (für unternehmerische Zwecke) aufteilen.

Buchung:

Die Einnahmen aus »Eigennutzung« (20.000 Euro) werden folgendermaßen gebucht:

5670 Verrechnete Kosten

an 5111 Hallengebühren 7 % USt

Analog hierzu sind auch die Einnahmen aus Vermietung der Halle an Mitglieder (40.000 Euro) zu verbuchen:

0959 Bank Tennisabteilung

an 5110 Hallengebühren 7 % USt

Die Einnahmen aus Vermietung an Nichtmitglieder (= 15.000 Euro) sind mit 19 % umsatzsteuerpflichtig, deshalb lautet der Buchungssatz folgendermaßen:

0959 Bank Tennisabteilung

an 8018 Kurzfristige Benutzungsgebühren von Nichtmitgliedern 19 % USt

Tipp !

Verlangen Sie unterschiedliche Stundensätze! Werden die Nutzungsgebühren von Mitgliedern und Nichtmitgliedern in ein und derselben Höhe erhoben, liegt insgesamt ein steuerpflichtiger wirtschaftlicher Geschäftsbetrieb vor. Nicht nur, dass der Verein Mitglieder verärgert, zahlt er darüber hinaus auch noch mehr (19 % statt 7 % Umsatzsteuer, ggf. Körperschaft- und Gewerbesteuer) an das Finanzamt und die Gemeinde. Die erhobenen Stundensätze müssen aber kostendeckend sein, wegen möglicher unzulässiger Mittelzuwendung an Mitglieder.

Tombola

Beim Jubiläumsball werden Einnahmen aus dem Losverkauf in Höhe von 5.000 Euro erzielt. Der Überschuss soll je zur Hälfte der Jugend- und Seniorenarbeit zugutekommen. Für Tombola-Lose und zugekaufte Gewinne musste der Verein 1.000 Euro ausgeben. An Sachspenden kamen für die Tombola 2.500 Euro zusammen. Die Spender erwarten vom Verein Spendenbescheinigungen.

Lösung:

Lotterien und Ausspielungen sind ein Zweckbetrieb, wenn sie von den zuständigen Behörden genehmigt sind oder nach den jeweiligen landesrechtlichen Bestimmungen wegen des geringen Umfangs der Tombola oder Lotterieveranstaltung per Verwaltungserlass pauschal als genehmigt gelten. Die sachlichen Voraussetzungen und die Zuständigkeit für die Genehmigung bestimmen sich nach den lotterierechtlichen Verordnungen der Länder.

Buchung:

6300 Sonstige betriebliche Aufwendungen (Ausgaben Tombola)
an 0920 Kasse

6300 Sonstige betriebliche Aufwendungen (Ausgaben Tombola)
an 3225 Sachspenden/-zuwendungen gegen Quittung

Trainingslager

Die Handballabteilung (ohne bezahlte Sportler) fährt zu einem 14-tägigen Trainingslager nach Spanien. Die Aufwendungen dieses Trainingslagers betragen für den 20-köpfigen Kader einschl. der fünf Begleitpersonen (Trainer, Physiotherapeut etc.) 6.000 Euro.

Lösung:
Ein Trainingslager ist immer dann eine Sportreise, wenn der Sport im Vordergrund steht. Die Kosten können in solchen Fällen gemeinnützigkeitsunschädlich in voller Höhe vom Verein übernommen werden.

Die Abgrenzung zwischen einem Vereinsausflug (40-Euro-Grenze) und einer sog. Zielveranstaltung, bei der diese Begrenzung nicht gilt, erfolgt danach, ob die Reise zumindest weitaus überwiegend im Interesse des Vereins zur Erfüllung seiner satzungsmäßigen Aufgaben unternommen wird. Die Verfolgung privater Interessen, wie z. B. Erholung und Bildung, muss nach dem Anlass der Reise, dem vorgelegten Programm und der tatsächlichen Durchführung so gut wie ausgeschlossen sein.

Buchung:

5570 Allgemeine Kosten des Sportbetriebs
an 0955 Bank Handballabteilung

Tipp !

Insbesondere dann, wenn Sportreisen in das Ausland und/oder an attraktive touristische Orte gehen, sollte beachtet werden, dass die folgenden Punkte geprüft werden:

- **Teilnehmer (nur aktive Sportler?)**
- **fachliche Organisation (Trainingsplan über gesamte Zeit?)**
- **Gestaltung von Wochenenden**
- **frei verfügbare Zeitabschnitte**
- **dargebotene Information**
- **Reiseroute**

Charakter der aufgesuchten Orte (beliebte Tourismusorte?)

Trikotwerbung

»Dank« eines Fachverbandes hat der SKV Insolvenza einen Trikotsponsor gefunden, der zu einem sensationellen Preis von 200 Euro einen hochwertigen 14-teiligen Trikotsatz zur Verfügung stellt. Als Gegenleistung muss der Verein lediglich die Brustwerbung gemäß den einschlägigen Verbands-Normen für die Genehmigung von Werbung am Mann dulden. Der Ladenpreis der Trikots beträgt 1.200 Euro.

Lösung:

Beim Verein liegt in Höhe der ersparten Aufwendungen durch die Trikotwerbung ein steuerpflichtiger wirtschaftlicher Geschäftsbetrieb vor.

Wert des 14-teiligen Trikotsatzes	1.200,00 EUR
– Zahlung durch Verein	200,00 EUR
Geldwerter Vorteil	1.000,00 EUR

Buchung:
Der geldwerte Vorteil in Höhe von 1.000 Euro wird gebucht:

5605 Sportkleidung
an 8015 Werbeeinnahmen 19 % USt

Die Zahlung des Vereins für den Trikotsatz in Höhe von 200 Euro wird gebucht wie folgt:

5605 Sportkleidung
an 0950 Bank

Übungsleiter, Beitragsfreistellung

Die Übungsleiterin, Maren Geschmeidig, erhält eine monatliche Vergütung von 200 Euro (= 2.400 Euro im Jahr) für die Betreuung des Männerballetts »Storchenbeine«. Lt. Satzung ist jeder Übungsleiter von der Zahlung des Mitgliedsbeitrags freigestellt. Der Jahresbeitrag beträgt normalerweise 120 Euro.

Lösung:
Die Übungsleiterin erhält durch die Beitragsfreistellung mehr als die steuerfreie Einnahme nach § 3 Nr. 26 EStG. Der übersteigende Betrag ist — soweit möglich — im Rahmen eines Minijobs anzumelden und 30 % = 36 Euro an die Minijobzentrale abzuführen.

Buchung:

5305 Personalkosten Trainer/Übungsleiter, Zweckbetriebe Sport
an 0950 Bank Hauptverein

5305 Personalkosten Trainer/Übungsleiter, Zweckbetriebe Sport
an 2110 Mitgliedsbeiträge, ideeller Bereich

5370 Minijobabgabe
an 0950 Bank

Tipp !

Für eine bessere Transparenz bei den Übungsleitervergütungen empfiehlt sich die Trennung in ein Fibukonto 5310 für Übungsleitervergütungen bis 2.400 Euro jährlich, da hier keine Abgabepflichten (Lohnsteuer, Sozialversicherung und VBG) entstehen, und in ein Fibukonto 5305, auf dem die Übungsleitervergütungen über 2.400 Euro verbucht werden. Über 2.400 Euro sind die Vergütungen beim Arbeitnehmer-Übungsleiter als Lohn steuer- und sozialversicherungspflichtig oder aber beim selbstständigen Übungsleiter von diesem in seiner Einkommensteuererklärung als selbstständige Einkünfte zu versteuern. Es könnte in der Kontenvergabe und getrennten Verbuchung also noch weiter differenziert werden zwischen Übungsleitern, die als Arbeitnehmer mehr als 2.400 Euro erhalten, und selbstständigen Übungsleitern. Das Konto 5370 Minijobabgabe wurde extra angelegt, um auch eine Kontrolle über abgeführte Abgaben zu erhalten.

Vereinsausflug

Der Verein veranstaltet seinen beliebten alljährlichen Herbstausflug. Die vom Verein übernommenen Kosten betragen 2.000 Euro. Es nehmen 50 Mitglieder am Ausflug teil.

Lösung:
Zuwendungen an Mitglieder sind bei einem gemeinnützigen Verein (s. eigene Satzung) nicht möglich.

»Mittel des Vereins dürfen nur für die satzungsmäßigen Zwecke verwendet werden. Die Mitglieder erhalten keine Zuwendungen aus den Mitteln des Vereins.«

Eine Ausnahmeregelung besteht bei besonderen Vereinsanlässen (geselliger Vereinsausflug, Weihnachtsfeier, Jahresfeier etc.). Bei allen Vereinsanlässen darf zusammen je teilnehmendem Mitglied ein gemeinnützigkeitsunschädlicher Betrag von 40 Euro im Jahr den Mitgliedern aus der Vereinskasse gewährt werden. Nichtmitgliedern gegenüber darf keine Bezuschussung einzelner Aktivitäten erfolgen.

Buchung:

2800 Mitgliederpflege
an 0950 Bank

Vereinsgaststätte

Der Verein hat seine bis zum 31.03. selbst bewirtschaftete Vereinsgaststätte nach einer gründlichen vom Pächter gewünschten Renovierung (40.000 Euro) ab 01.04. an einen Gastwirt verpachtet. Die monatliche Pacht setzt sich wie folgt zusammen:

Pacht Gaststätte	1.500 EUR
Umlage Gaststätte	200 EUR
Miete Pächterwohnung	300 EUR
Umlage Pächterwohnung	100 EUR
Monatliche Zahlung	2.100 EUR

Anteilige Kosten sind im laufenden Jahr 6.910 Euro angefallen.

Einnahmen aus selbst bewirtschafteter Gaststätte	15.000 EUR
Ausgaben Speisen	2.000 EUR
Ausgaben Getränke	3.000 EUR
Energiekosten	1.500 EUR
Personalkosten	5.165 EUR

Lösung:
Bei Verpachtung einer zuvor selbst bewirtschafteten Vereinsgaststätte hat der Verein ein Wahlrecht, ob er gegenüber dem Finanzamt die Betriebsaufgabe erklären will oder ob die Verpachtung weiterhin wie ein selbst unterhaltener Geschäftsbetrieb versteuert werden soll.

Im Hinblick darauf, dass nach einer Betriebsaufgabeerklärung zu Buchwerten zur steuerfreien Vermögensverwaltung übergegangen werden kann, ist die Verpachtung ohne Betriebsaufgabeerklärung im Regelfall steuerlich nicht zu empfehlen.

Buchung:

Selbstbewirtschaftung:

Einnahmen aus Verkauf Speisen und Getränke:

0920 Kasse
an 8032 Erlöse 19 % USt Vereinsgaststätte

Ausgaben für Speisen:

8152 Wareneingang 7 % Vorsteuer
an 0950 Bank

Ausgaben für Getränke:

8154 Wareneingang 19 % Vorsteuer
an 0950 Bank

Energiekosten:

8304 Strom, Gas, Wasser, Heizung (wirtschaftlicher Geschäftsbetrieb)
an 0950 Bank

Personalkosten:

8210 Löhne und Gehälter
an 0950 Bank

Grundstücksreparaturen:

4751 Grundstücksreparaturen, Vermögensverwaltung
an 0950 Bank

Verpachtung:

Für die Pachteinnahmen sowie die Umlage empfiehlt sich die Option zur Umsatzsteuerpflicht wegen eines Vorsteuerabzugs. Die Mieteinnahmen und Umlage für die Pächterwohnung sind von Gesetzes wegen umsatzsteuerfrei. Damit sind mit der Wohnung im Zusammenhang stehende Ausgaben nicht vorsteuerabzugsberechtigt.

Pacht- und Mieteinnahmen:

0950 Bank
an 4111 Miet- und Pachterträge 7 % USt (hier: Gaststätte)

0950 Bank
an 4113 Miet- und Pachterträge 0 % USt (hier: Pächterwohnung)

Umlagen:

0950 Bank
an 4112 Umlage Gaststätte 7 % USt

0950 Bank
an 4114 Umlage Wohnung 0 % USt

Anteilige Kosten:

4750 Grundstücksaufwendungen
an 0950 Bank

Vergütung an Ehrenamtliche

Der Vorsitzende des SKV Insolvenza, Lothar Ehrenkäs, erhält eine Aufwandsentschädigung von 3.600 Euro (monatlich 300 Euro). Einen Nachweis (Belege, km-Aufstellungen etc.) legt er nicht vor. Die monatliche Tätigkeitsdauer beträgt 15 Stunden.

Lösung:
Steuerfrei sind nur die Beträge, durch die Auslagen ersetzt werden (Auslagenersatz).

Pauschaler Auslagenersatz (ohne Einzelnachweis) führt regelmäßig zu Arbeitslohn. Der Verein hat ggf. zu prüfen, inwieweit die Minijob-Regelung möglich ist.

Liegt kein Arbeitsverhältnis vor, hat der ehrenamtlich Tätige eine Aufwandsentschädigung von jährlich mehr als 255 Euro in seiner Einkommensteuererklärung als sonstige Einkünfte zu erklären und zu versteuern.

Buchung:

Die jährliche Aufwandsentschädigung in Höhe von 3.600 Euro muss folgendermaßen verbucht werden:

2710 Aufwandsentschädigung
an 0950 Bank

Wichtig !

Satzung prüfen! Aufwandsentschädigungen (zu unterscheiden vom Auslagenersatz) dürfen gemeinnützigkeitsunschädlich allerdings nur dann gezahlt werden, wenn

- eine Vergütung an den Vorsitzenden lt. Satzung vereinbart ist und
- die Vergütung angemessen ist.

Ohne eine solche Vereinbarung sind Vorstandsämter ehrenamtlich und damit unentgeltlich auszuüben. Es dürfen gem. § 670 BGB lediglich tatsächlich **nachgewiesene** Auslagen aus der Vereinskasse ersetzt werden. Macht der Beauftragte (hier: Vorstand) zum Zwecke seiner Ausführung des Auftrags Aufwendungen, die er den Umständen nach für erforderlich halten darf, so ist der Auftraggeber (hier: SKV Insolvenza) zum Ersatz verpflichtet (§ 670 BGB). Gleiches gilt auch für die Ehrenamtspauschale in Höhe von 720 Euro.

Ohne Satzungsgrundlage droht die Aberkennung der Gemeinnützigkeit!

Tipp !

Nach § 55 Abs. 1 Nr. 1 AO verstößt ein Verein gegen das Mittelverwendungsgebot und den Grundsatz der Selbstlosigkeit, wenn einem Organmitglied, das nach der Satzung ehrenamtlich arbeitet, ein Entgelt für die übernommene Tätigkeit bezahlt wird. Das FG München hat mit Urteil v. 21.11.2000 (bestätigt durch den BFH in einem nicht veröffentlichten Urteil) einem gemeinnützigen Verein die Gemeinnützigkeit entzogen, weil er dennoch einem Vorsitzenden eine Vergütung zukommen ließ.

Auch das Kammergericht Berlin mit Urteil v. 18.01.2007 und der BGH mit Urteil v. 03.12.2007 kamen zum Ergebnis, dass gegen die Satzung verstoßen wird, wenn ohne Grundlage Organmitgliedern eine Vergütung bezahlt wird.

Es ist deshalb unerlässlich, vor Auszahlung von Vergütungen an Organmitglieder die Satzung zu ändern.

Verpachtung der Werberechte

Der SKV Insolvenza hat seine gesamten Werberechte an eine Marketing-GmbH verpachtet.

Lösung:
Die entgeltliche Verpachtung der Werberechte ist je nach der Art der Werberechte Vermögensverwaltung oder aber steuerpflichtiger wirtschaftlicher Geschäftsbetrieb.

Zur ertragsteuerfreien — aber mit 7 % umsatzsteuerpflichtigen — Vermögensverwaltung zählt die Verpachtung der Werberechte (erzielte Einnahmen 2.000 Euro)

- an der Bande
- auf Eintrittskarten
- auf Fahrzeugen
- in Festzeitschriften
- im Internet — ohne Link zum Sponsor
- durch Lautsprecher
- in Programmheften
- in Vereinszeitschriften

Steuerpflichtiger wirtschaftlicher Geschäftsbetrieb — und damit mit 19 % umsatzsteuerpflichtig — ist die Verpachtung der Werberechte (erzielte Einnahmen 5.000 Euro)

- auf Helmen
- im Internet — mit Link zum Sponsor
- auf Sportgeräten
- auf Sportschuhen
- auf Trikots
- auf Trainingsanzügen

Buchung:

0950 Bank
an 4201 Erlöse Werbeunternehmen 7 % USt

0950 Bank
an 8016 Sonstige Werbeeinnahmen 19 % USt

Unechter Zuschuss

Die Stadt betreibt in unmittelbarer Nachbarschaft zum SKV Insolvenza ein kombiniertes Hallen- und Freizeitbad mit Schwimmhalle, Lehrschwimmbecken sowie im Freibad ein Sportbecken, ein Nichtschwimmerbecken mit Rutsche, ein Sprungbecken sowie Planschbecken für Kleinkinder.

Für die Übernahme der Durchführung des Badebetriebes vom SKV Insolvenza (die technische Betreuung des Hallen- und Freibades verbleibt bei der Stadt) erhält der Verein folgende jährliche »Zuschüsse«:

Personalkostenzuschuss	30.000 EUR
Reinigung	15.000 EUR
Aushilfskräfte	5.000 EUR
Sachaufwand	15.000 EUR
Pflege Außenanlagen	10.000 EUR
Managementbedingte Kosten	5.000 EUR

Der Verein hat eigene Aufwendungen in Höhe von 60.000 Euro.

Lösung:
Die Zahlungen werden für Dienstleistungen des SKV Insolvenza geleistet. Es besteht insoweit eine innere Verknüpfung zwischen der Leistung des Zahlungsempfängers und der Zahlung der Stadt, sodass umsatzsteuerlich ein Leistungsaustausch und kein echter Zuschuss vorliegt. Die Einnahmen sind dem steuerpflichtigen wirtschaftlichen Geschäftsbetrieb zuzurechnen und 19 % Mehrwertsteuer (= 140.000 Euro — 1,19 × 19 % = 22.352,94 Euro) an das Finanzamt abzuführen.

Aus unmittelbar damit zusammenhängenden Kosten ist ein Vorsteuerabzug möglich.

Buchung:

0950 Bank
an 8005 Zuschuss Stadt Betrieb Schwimmbad 19 % USt

8345 Personal- und Sachkosten Schwimmbad
an 0950 Bank

Auflösung der Buchungsbeispiele

Der SKV Insolvenza hat mit den Nachbuchungen folgende Bereiche angesprochen:

- Ideeller Bereich
- Vermögensverwaltung
- Zweckbetriebe eigener Art (Tombola, Kultur, Jugend)
- Überlassung Sportanlagen an Mitglieder (Zweckbetrieb)
- Sportliche Veranstaltungen Steuerpflichtige wirtschaftliche Geschäftsbetriebe

Sportliche Veranstaltungen

Sportliche Veranstaltungen sind solche aus unbezahltem, aber auch aus bezahltem Sport. Ein steuerbegünstigter Zweckbetrieb liegt immer dann vor, wenn die Zweckbetriebsgrenze von 45.000 Euro Bruttoeinnahmen (vor Abzug der Ausgaben, aber einschl. der Mehrwertsteuer) nicht überschritten ist. Zwar liegen sowohl im Fall des unbezahlten Sports (33.060 Euro) als auch im Fall des bezahlten Sports (28.800 Euro) die Einnahmen unterhalb von 45.000 Euro, doch für die Prüfung der sog. Zweckbetriebsgrenze von jährlich 45.000 Euro Bruttoeinnahmen sind die sportlichen Veranstaltungen zusammenzurechnen. Im Beispielsfall wird mit 61.860 Euro die Zweckbetriebsgrenze deutlich überschritten.

Zu den sportlichen Veranstaltungen zählt nicht die Überlassung von Sportanlagen an Mitglieder. Zur Überprüfung der Zweckbetriebsgrenze sind deshalb zunächst die Einnahmen und Ausgaben aus der Vermietung von Sportanlagen an Mitglieder auszuscheiden.

Einnahmen	103.060 EUR	
– Vermietung Sportanlagen	70.000 EUR	
		33.060 EUR
Ausgaben	371.860 EUR	
– Vermietung Sportanlagen	32.600 EUR	
		339.260 EUR
Verlust sportliche Veranstaltungen Zweckbetriebe		– 306.200 EUR

Konsequenz ist, dass damit insgesamt ein steuerpflichtiger wirtschaftlicher Geschäftsbetrieb »Sport«
mit einem Ergebnis von — 396.400 Euro (— 306.200 Euro + — 90.200 Euro) vorliegt.
Dieser Verlust wäre nur dann gemeinnützigkeitsunschädlich, wenn er mit Gewinnen (hier: 120.800 Euro) aus anderen wirtschaftlichen Geschäftsbetrieben ausgeglichen werden kann. Ein Verlustausgleich mit dem Ergebnis des kommenden Jahres oder der sechs zurückliegenden Jahre würde ebenfalls die Gemeinnützigkeit nicht gefährden.

! **Tipp**

Um die Gemeinnützigkeit nicht zu verlieren, muss der SKV Insolvenza vom Optionsrecht des § 67a AO Gebrauch machen.

Verzichtet ein Sportverein gem. § 67a Abs. 2 AO auf die Anwendung der Zweckbetriebsgrenze, sind sportliche Veranstaltungen ein Zweckbetrieb, wenn an ihnen kein bezahlter Sportler des Vereins teilnimmt und der Verein keinen vereinsfremden Sportler selbst oder im Zusammenwirken mit einem Dritten bezahlt. Auf die Höhe der Einnahmen oder Überschüsse dieser sportlichen Veranstaltungen kommt es dabei nicht an.

Im Gegensatz dazu sind aber sportliche Veranstaltungen, an denen ein oder mehrere Sportler teilnehmen, die nach § 67a Abs. 3 Satz 1 Nr. 1 oder 2 AO als bezahlte Sportler (= mit Einnahmen über 400 Euro monatlich) gelten, auch mit Einnahmen innerhalb der Zweckbetriebsgrenze steuerpflichtige wirtschaftliche Geschäftsbetriebe.

Ohne Bedeutung ist hierbei die Höhe der Vergütungen an Trainer und Übungsleiter. Bei einem sog. Spielertrainer ist allerdings zu unterscheiden, ob und was er für die Trainertätigkeit oder für die Ausübung des Sports erhält. Wird er nur für die Trainertätigkeit bezahlt oder erhält er für die Tätigkeit als Spieler nicht mehr als 400 Euro monatlich bzw. den nachgewiesenen Ersatz seiner Aufwendungen, ist eine Teilnahme an sportlichen Veranstaltungen unschädlich für die Zweckbetriebseigenschaft.

Der Verein ist an diese Option gem. § 67a Abs. 2 AO für mindestens fünf Veranlagungszeiträume gebunden.

Durch die Wahrnehmung der Option bleibt im Beispielsfall der Verlust aus »sportlichen Veranstaltungen ohne bezahlte Sportler« (= 306.200 Euro) gemeinnützigkeitsunschädlich.

Berechnung der Steuerlast

Die tatsächliche Ertragsteuerbelastung errechnet sich wie folgt:

Gewinn aus wirtschaftlichem Geschäftsbetrieb	124.300 EUR
— Verlust sportliche Veranstaltung »bezahlter Sport«	— 90.200 EUR
steuerpflichtiger Gewinn	34.100 EUR
— Freibetrag	5.000 EUR
steuerpflichtiges Einkommen:	**29.100 EUR**
Körperschaftsteuer 15 % v. 29.100 EUR	4.365 EUR
Solidaritätszuschlag 5,5 % v. 4.365 EUR	240 EUR
Zahlung an Finanzamt:	**4.875 EUR**
steuerpflichtiger Gewinn	34.100 EUR
Gewinn (wird abgerundet auf volle 100 EUR)	34.100 EUR
— Freibetrag	— 5.000 EUR
Gewerbeertrag	**29.100 EUR**
Y	
Steuermesszahl 3,5 % v. 29.100 EUR	1.018 EUR
× Hebesatz der Gemeinde (z. B. 300 %)	
Zahlung an Gemeinde:	**3.054 EUR**

Reingewinnschätzung

Da der SKV Insolvenza auch Einnahmen aus der Verwertung unentgeltlich erworbenen Altmaterials und der Werbung, die im Zusammenhang mit der steuerbegünstigten Tätigkeit einschließlich Zweckbetrieben stattfindet, verbucht hat, stellt sich die Frage, welche Auswirkungen die im § 64 Abs. 5 und 6 AO mögliche Reingewinnschätzung zur Folge hätte.

Die Reingewinnschätzung erfolgt immer aus den Nettoeinnahmen, d. h. ohne Umsatzsteuer.

§ 64 Abs. 5 AO gilt nur für Altmaterialsammlungen, nicht aber für den Einzelverkauf gebrauchter Sachen auf Basaren und ähnlichen Veranstaltungen.

Der branchenübliche Reingewinn ist bei der Verwertung von Altpapier mit 5 % und bei anderem Altmaterial mit 20 % der Einnahmen anzusetzen.

Einnahmen (vgl. Altpapiersammlung)	1.500 EUR
– fiktive Kosten 95 %	1.425 EUR
5 % Reingewinn	**75 EUR**

Nach § 64 Abs. 6 Nr. 1 AO kann auf Antrag der Gewinn aus Werbemaßnahmen pauschal mit 15 % ermittelt werden, wenn die Werbemaßnahmen im Zusammenhang mit der steuerbegünstigten Tätigkeit (ideeller Bereich) einschließlich Zweckbetrieben (unbezahlter Sport) stattfinden. Beispiele für derartige Werbemaßnahmen sind die Trikot- und Bandenwerbung bei Sportveranstaltungen, im Zweckbetrieb, die aktive Werbung in Programmheften oder auf Plakaten bei sportlichen und kulturellen Veranstaltungen.

Der Antrag gilt jeweils für alle gleichartigen Tätigkeiten in dem betreffenden Veranlagungszeitraum und kann jedes Jahr neu gestellt werden.

02 Altherren-Turnier	2.000 EUR
07 Aussteller bei Tagung	2.000 EUR
12 Bandenwerbung	15.000 EUR
14 Werbung Tennishalle	20.000 EUR
36 Sponsoring Ehrenpreis	1.000 EUR
47 Sponsoring Trikots	2.500 EUR
47 Sponsoring Sportgeräte	2.000 EUR
47 Sponsoring Damenfußball	15.000 EUR
61 Trikotwerbung	1.000 EUR
66 Pacht Werbung Sportgeräte	5.000 EUR
Einnahmen gesamt:	**65.500 EUR**
– fiktive Kosten 85 %	55.675 EUR
15 % Reingewinn	**9.825 EUR**

Fiktive Kosten	55.675 EUR
21 abzgl. bereits gebuchte Kosten	1.000 EUR
verbleiben verrechenbare Kosten	**54.675 EUR**

Buchung:

8165 Reingewinnschätzung Werbung
an 5670 Verrechnete/aufgeteilte Kosten Zweckbetrieb »Sport«

Ob und in welcher Höhe eine Reingewinnschätzung sinnvoll ist, hängt von den übrigen Gewinnen und Verlusten aus wirtschaftlichen Geschäftsbetrieben einschl. derer aus sportlichen Veranstaltungen »bezahlter Sport« ab. Verluste aus steuerpflichtigen wirtschaftlichen Geschäftsbetrieben per Saldo können die Gemeinnützigkeit gefährden.

Auch vorhergehende bzw. nachfolgende Jahre können dabei vom Ergebnis her für die Gemeinnützigkeit bedeutend sein.

Rücklagen

Der SKV Insolvenza hat im Veranlagungsjahr erhebliche Überschüsse erzielt, die einer Rücklage zuzuführen sind.

Zunächst ist die sog. freie Rücklage aus dem Überschuss der Vermögensverwaltung zu bilden. Diese kann ohne Grund und Zeitpunkt fortgeführt werden.

Überschuss Vermögensverwaltung		6.900 EUR	
davon 1/3			2.300 EUR
+ 10 % aus			
Einnahmen ideeller Bereich	276.380 EUR		
Einnahmen neutrale Posten	31.000 EUR		
Überschuss Zweckbetrieb Sport	0 EUR		
Überschuss Zweckbetrieb Sonstige	0 EUR		
Überschuss bezahlter Sport	– 90.200 EUR		
Überschuss wirtschaftl. Geschäftsbetriebe	120.800 EUR		
	337.980 EUR		
Davon 10 %			33.798 EUR
Freie Rücklage:			**36.098 EUR**

Der Verlust aus steuerbegünstigtem Zweckbetrieb von insgesamt 249.450 Euro bleibt bei der Rücklagenbildung unberücksichtigt.

Da ein gemeinnütziger Verein seine Mittel zeitnah (im laufenden Jahr oder den beiden darauf folgenden) verwenden muss, ist der SKV Insolvenza verpflichtet, für die verbleibenden Mittel in der Einnahme-Überschuss-Rechnung, einer Nebenrechnung oder aber in der Steuererklärung (Gem 1) Angaben zur Mittelverwendung zu machen.

Möglich wäre im vorliegenden Beispiel eine Rücklage von z. B. 25.000 Euro unter Nennung des Zwecks, z. B. »Bau eines Kunstrasenplatzes« und des Zeitpunktes (3–5 Jahre in die Zukunft).

Bis zu dem genannten Jahr können dann für diesen Zweck Mittel zurückbehalten, d. h. angespart werden. Im vorgesehenen Jahr muss die Maßnahme jedoch verwirklicht oder aber die Gelder steuerbegünstigten Zwecken (dem allgemeinen Sportbetrieb) zugeführt werden.

Stichwortverzeichnis

C

D

E

F

L

M

N

O

P

R